AF549309

VOM RADFIX ZUM REX

Walter Zeichner

VOM RADFIX ZUM REX

Das Rex-Motoren-Werk München und Possenhofen 1945 bis 1963

Volk Verlag München

Die Drucklegung dieses Buches wurde unterstützt von der Rosner & Seidl Stiftung

Die Deutsche Bibliothek verzeichnet diese Publikation in der Deutschen Nationalbibliografie; detaillierte bibliografische Daten sind im Internet über https://portal.dnb.de/ abrufbar.

Neumarkter Straße 23; 81673 München
Tel. 089/420 79 69 80; Fax: 089/420 79 69 86
Druck: DZS, d.o.o., Ljubljana

ISBN 978-3-86222-460-9
www.volkverlag.de

Inhalt

Teil 1:

Teil 2:

Vorwort

Liebe Leserinnen und Leser, liebe Rex-Fahrerinnen und -Fahrer,

Es muss 1959 oder 1960 gewesen sein, da sah ich zum ersten Mal den Rex-Motor. Der Opel Kapitän meines Opas stand in München in einer Garage im Hof und dahinter, kaum zu sehen, stand das Fahrrad mit Hilfsmotor. Mein Großvater fuhr nicht mehr damit und ich war erst 5 Jahre alt. Später erzählte er mir, daß er es 1953 gegen eine kleine Briefmarkensammlung eingetauscht hatte. Mein Vater benutzte das alte Gritzner Rad mit Rex-Motor auch nicht, aber es blieb in der Garage. Kaum war ich 16 bettelte ich meinen Opa so lange an, bis ich es bekam. Ich füllte Treibstoff ein, pumpte die Reifen auf und nach 20 Metern sprang der Motor an, lief rund – ich fuhr! Meine Klassenkameraden fuhren schicke Mofas und Roller und lächelten über den Rex, aber er lief und lief.
In den 1980er Jahren ließ die Leistung etwas nach, ich brachte ihn in die Werkstatt zu Kurt Bernhauser in Isen, der überholte ihn für ein paar Mark und seither läuft er bis heute problemlos. Eine einfachere und billigere Motorisierung ist nicht denkbar.

Die Idee ist uralt. Schon Ende des 19. Jahrhunderts montierten findige Köpfe kleine Motoren an Fahrräder und erschreckten damit Passanten und Fuhrwerke, wenn sie knatternd und rauchend in Stadt und Land unterwegs waren. Daraus entstand das Motorrad.

Nach dem Ersten Weltkrieg herrschte Not in Deutschland und nun boten schon zahlreiche Hersteller kleine „Hilfsmotoren“ an, billig in der Anschaffung und sparsam im Verbrauch und wer ein solches motorisiertes Fahrrad hatte, wurde von jedem beneidet, der bei Steigungen ins Schwitzen kam oder sogar Schieben musste. Sogar Rennen wurden mit solchen Vehikeln gefahren. Doch ging es den Leuten besser, wechselte man schnell auf ein richtiges Motorrad oder sogar Kleinauto.

Nach dem Zweiten Weltkrieg herrschte noch größere Not und bald bildeten erneut kleine Motoren, die an jedes Fahrrad passten, den Einstieg in die Motorisierung. Viele Fahrräder hatten den Krieg überstanden und findige Konstrukteure und Unternehmer versuchten alsbald auf diesem Markt erfolgreich zu werden. Von solchen Pionieren in München erzählt dieses Buch und ich habe versucht die Geschichte so gut wie möglich zu rekonstruieren.

Denn sie begann vor mehr als 75 Jahren und endete schon knapp 20 Jahre später. Zeitzeugen konnte ich nur noch wenige befragen, aber deren Kinder und Enkel. Manch einer hat Erinnerungen aufgehoben, Dokumente, Fotos. Vieles ist bereits verloren gegangen, oft bleiben nur noch Indizien, Vermutungen. Doch diese Geschichte ist so vielfältig und spannend, daß ich sie erzählen muss. Sie enthält manch Spekulation und Ungenauigkeit und ist sicher nicht vollständig, aber sie ist es Wert, erzählt zu werden, bevor alles in Vergessenheit gerät, denn sie ist auch ein Stück Geschichte aus meiner Heimatstadt München.

Walter Zeichner,
Garmisch-Partenkirchen und München 2023

Teil 1: Die Unternehmensgeschichte

„Vom Zahlen-Schloss zum Sisi-Schloss“

Oben: Eine Straße in München Ende 1945. Die Stadt ist weitgehend zerstört.

München im November 1945

Erst ein halbes Jahr war vergangen, seit US-amerikanische Truppen mit ihrem Einmarsch am 30. April 1945 die Naziherrschaft in München beendet hatten. Hunderttausende von Spreng- und Brandbomben hatten bei 73 Luftangriffen weite Teile der Stadt in Schutt und Asche gelegt. Vor allem von Juli 1944 bis zum 26. April 1945 hatten Bomber der Royal Air Force und der US Air Force in mehrtägigen schwersten Bombardements rund 45 Prozent der Bausubstanz zerstört und zahllose Gebäude schwer bis mittelschwer beschädigt, nur 2,1 Prozent waren unversehrt geblieben. 6.632 Münchnerinnen und Münchner hatten in diesem Inferno ihr Leben verloren, mehr als 15.000 waren verletzt worden. Angesichts dieser Bilanz hatte es sogar Überlegungen gegeben, die Stadt komplett aufzugeben und an anderer Stelle neu zu errichten.

Rund 400.000 Menschen waren evakuiert worden, sodass München nahezu entvölkert war. Nun, im Frieden, kehrte ein Strom von Bürgerinnen und Bürgern zusammen mit zahllosen Heimatvertriebenen aus dem Osten sowie teils verwundeten und traumatisierten Kriegsteilnehmern zurück. Trotz intensivster Bemühungen der US-amerikanischen Militärregierung blieb die Lage für sehr viele Menschen katastrophal.

Unten: Statistik der Gebäudeschäden in München.

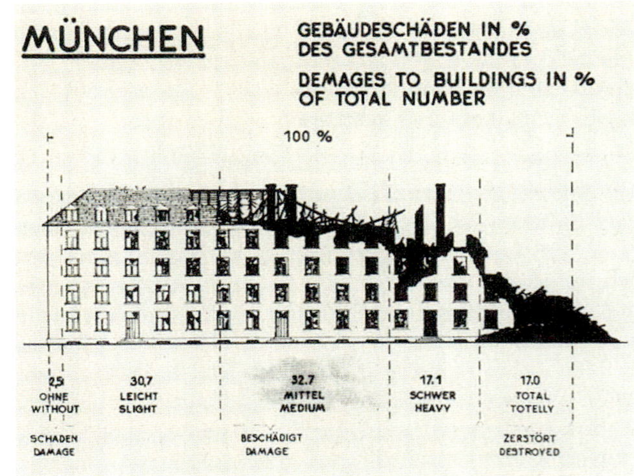

Wohnungsnot und Hunger beherrschten den Alltag. Notdürftig wurden Ruinen zu primitiven Behausungen hergerichtet, der Schwarzmarkt blühte und Plünderungen und Diebstähle aus Verzweiflung waren an der Tagesordnung. Jetzt stand der Winter bevor, es fehlte an Heizmaterial und wetterfesten Unterkünften. Nahrungsmittel waren streng rationiert und nur gegen Vorlage von Zuteilungsmarken verfügbar – wenn überhaupt.

Doch selbst unter diesen Umständen war vereinzelt kulturelles Leben aufgekeimt. Im Juli/August 1945 hatten bereits erste Konzerte und Theateraufführungen stattgefunden und in ein paar Kinosälen konnten die Menschen in die Traumwelten amerikanischer Filmproduktionen eintauchen und dabei den bitteren Alltag für ein paar Stunden vergessen – vorausgesetzt es gab Strom.

Wer ein Transportmittel über den Krieg gerettet hatte, befand sich in einer äußerst privilegierten Situation. Millionen Kubikmeter an Schutt mussten aus der Stadt geschafft werden und ein öffentlicher Personenverkehr existierte noch nicht. US-Militärjeeps und -Lkws sowie Fahrräder prägten das Bild auf den bereits geräumten Straßen der Stadt. Vereinzelt sah man alte Motorräder und notdürftig zusammengeflickte Pkws mit ziviler Besatzung, manches motorisierte Fortbewegungsmittel hatte den Krieg auf dem Land oder in Kellern verborgen überstanden, doch Treibstoff war rar und streng rationiert.

Viele Gewerbebetriebe waren komplett vernichtet worden. Was noch halbwegs brauchbar schien, wurde mühevoll instandgesetzt und es sollte noch Jahre dauern, bis Handel und Handwerk wieder ein annähernd normales Niveau erreichen konnten.

Großbetriebe wie die Bayerischen Motoren Werke lagen in Trümmern und versuchten mit den wenigen verbliebenen Arbeitskräften, Betriebsmittel zu retten und zu reparieren, um zumindest eine Notproduktion von dringend benötigten Waren in Gang zu setzen. An die Produktion von motorisierten Fahrzeugen – und seien sie auch noch so primitiv – dachte eigentlich niemand, nicht einmal im Traum. Doch es gab Ausnahmen.

Der Initiator

Zu diesen Ausnahmen gehörte sicherlich Max Seyffer. Am 18. November 1945 lud er als Treuhänder der Uher & Co.

Max Seyffer, der „Vater" des Rex-Motors.

Prospekt für den in den 1920er Jahren sehr erfolgreichen Hilfsmotor von D.K.W.

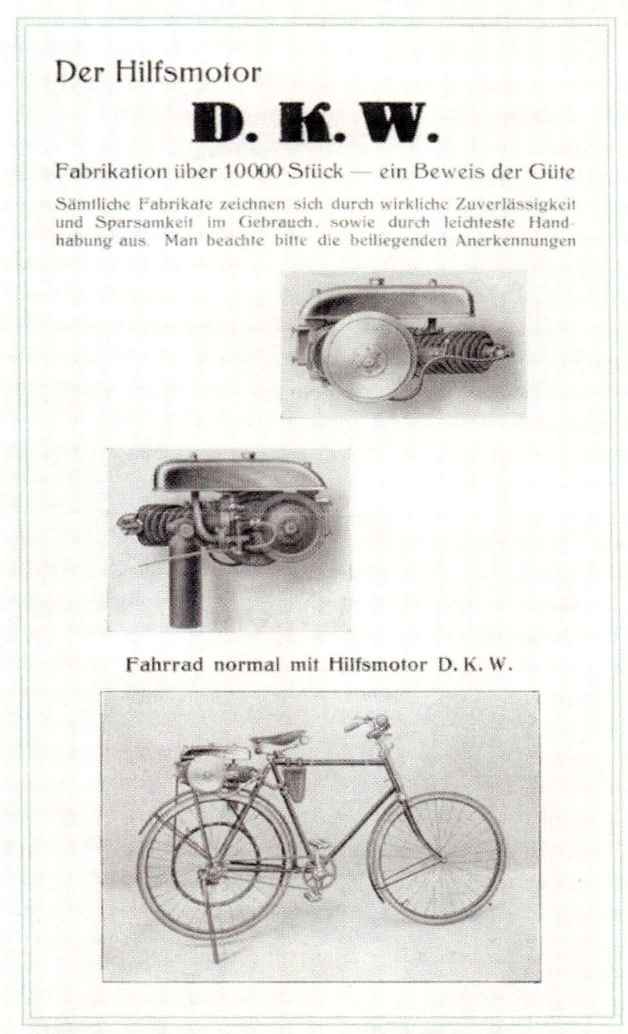

Der Hilfsmotor

D. K. W.

Fabrikation über 10000 Stück — ein Beweis der Güte

Sämtliche Fabrikate zeichnen sich durch wirkliche Zuverlässigkeit und Sparsamkeit im Gebrauch, sowie durch leichteste Handhabung aus. Man beachte bitte die beiliegenden Anerkennungen

Fahrrad normal mit Hilfsmotor D. K. W.

Werke einige befreundete und bekannte Spezialisten für die Entwicklung von Zweitakt-Kleinmotoren zu einer ersten Besprechung in sein Büro in der Münchner Boschetsrieder Straße. Das Unternehmen war eine Gründung des gebürtigen Ungarn Edmond Uher. Zunächst hatte man sich dort mit Vergasertechnik beschäftigt, später widmete man sich der Filmverarbeitung und Drucktechnik. Das Zweigwerk München war 1934 gegründet worden und im Zweiten Weltkrieg hatte man dort auch Aufträge für die Flugzeugindustrie von Messerschmitt und BMW erfüllt und ein Sicherheits-Zahlenschloss entwickelt. Nach der Währungsreform konnte Edmond Uher wieder übernehmen. Man produzierte medizinisches Gerät und schließlich unter neuer Leitung in den 1950er Jahren u.a. Teile für Motorroller und die berühmten Tonbandgeräte.

Thema der Besprechung in der Boschetsrieder Straße war die Entwicklung eines einfachen, kleinen und billigen Motors, der jedes Fahrrad antreiben könne, und es so weiten Teilen der Bevölkerung ermöglichen würde, ohne großen Kraftaufwand wieder mobil zu werden.

Die Idee war nicht neu. Schon nach dem Ersten Weltkrieg hatte es einen regelrechten Boom solcher „Fahrrad-Hilfsmotoren" gegeben, winziger Zwei- oder Viertaktaggregate mit einem Zylinder, die das Vorder- oder Hinterrad jedes normalen Fahrrads mittels Kette, Keilriemen oder Reibrolle antrieben.

Max Seyffer selbst hatte in jungen Jahren reichlich Erfahrungen mit solchen Motoren gesammelt. Am 28. März 1897 als Sohn eines Apothekers in München geboren, interessierte er sich schon während seiner Schulzeit für Technik und war zunächst vom erst wenige Jahre alten Flugsport fasziniert. Mit 17 Jahren gründete er zusammen mit Freunden und Mitschülern den „Münchener Modellflug-Verein". Hier wurden mit kleinen, selbst gebastelten Modellfliegern ohne Verbrennungsmotoren Wettbewerbe wie „Bodenanlauf-Weitflug" oder „Handabwurf-Weitflug" durchgeführt. Im März 1916 berichtete die Zeitschrift „Flugsport" über solch einen Wettbewerb, bei dem Seyffer mit seinem Modellflieger „Ente" einen ersten und einen zweiten Preis gewonnen hatte.

1916 machte Max Seyffer Abitur und begann ein Studium an der Technischen Hochschule München; wegen einer Augenverletzung war er nicht zum Militärdienst eingezogen worden. Schon ein Jahr zuvor hatte er als Werkstudent bei den Otto-Werken bzw. der Bayerischen Flugzeugwerke AG erste Erfahrungen gesammelt. Aufgrund des Hilfsdienstgesetzes in Kriegszeiten verpflichtete er sich auch zum Einsatz als Techniker bei den Rapp Motorenwerken in München-Milbertshofen.

Nebenbei entwarf und baute Seyffer Gleitsegler und unternahm von Hügeln in der Umgebung Münchens einige Flugversuche, die nicht immer glimpflich endeten: Manches Fluggerät ging dabei zu Bruch, was Seyffer aber zum Glück nur leichtere Blessuren bescherte.

Max Seyffer bildete sich zum Technischen Zeichner und Teilekonstrukteur fort und war ab 1917 bei der Bayerischen Motorenwerke AG, in welcher die Rapp Motorenwerke aufgegangen waren, beschäftigt. Doch nach dem Ende des Kriegs verbot der Versailler Vertrag die Konstruktion und den Bau von Flugzeugen in Deutschland – ein schwerer Schlag für BMW. Die Firma musste sich von Mitarbeitern trennen und auch für Max Seyffer endete somit im April 1919 dieses Arbeitsverhältnis. In der Folge widmete er sich der Fortsetzung seines Studiums und legte im Herbst 1919 die Diplom-Vorprüfung ab.

Ein Jahr später verstarb sein Vater und Max Seyffer musste für die Familie Geld verdienen. Im 7. Semester verließ er schweren Herzens die Hochschule und übernahm eine Stellung als Leiter der Motorradabteilung eines Münchner Fahrzeughändlers. Dann, im Mai 1921, taucht sein Name erstmals im Motorsport auf. Bei der Fränkischen Zuverlässigkeitsfahrt über 144 Kilometer errang er in

Max Seyffer im selbst gebauten Gleitsegler, gestartet von einem Hügel in der Nähe von München.

Startaufstellung zu einem Rennen für Fahrräder mit Hilfsmotor Anfang der 1920er Jahre.

Auch Bruchlandungen konnten Max Seyffers Leidenschaft für den Flugsport nicht dämpfen.

der Klasse 1 (Hilfsmotoren) auf DKW 1 PS den Sieg und im Oktober erreichte er den 2. Platz bei der ersten ADAC-Reichsfahrt, ebenfalls auf DKW. Das Zschopauer Unternehmen von Jørgen Skafte Rasmussen hatte mit seinem 1919 vorgestellten Hilfsmotor mit 118 ccm einen beachtlichen Erfolg errungen. Der DKW-Motor „Das Kleine Wunder" wurde liegend auf dem Gepäckträger montiert, vom Volksmund „Arschwärmer" genannt, und zeichnete sich durch gute Leistung und Zuverlässigkeit aus.

In dieser Zeit entwarf und baute Seyffer ein C.M. Leichtmotorrad mit DKW-Motor, das in Serie produziert wurde. Im März 1922 wurde Seyffer Betriebsleiter bei der Cockerell Fahrzeug- und Motorenwerke GmbH in München, ein Jahr später schied deren Gründer Fritz Gockerell aus und Seyffer übernahm die Geschäfte bis zum Konkurs der Firma Ende 1924.

Am 1. Januar 1925 trat Seyffer in die Zschopauer Motorenwerke von Jørgen Skafte Rasmussen ein und wurde dort Leiter der Versuchs- und Rennabteilung. 1926 wurde er schließlich Oberingenieur in der Abteilung für stationäre Kleinmotoren. Doch 1928 bekam Max Seyffer ein Angebot von BMW in München und übernahm hier zum 1. Juli die Abteilung Motorradabnahme und Schlusskontrolle. Nebenbei entwarf er luft- und wassergekühlte stationäre Kleinmotoren, die bei ILO gebaut wurden.

Linke Seite: Max Seyffer (Mitte) mit Freunden des Münchener Modellflug-Vereins, ca. 1914.

Max Seyffer (Mitte mit Sozia) und Fritz Gockerell (rechts) bei einer Motorrad-Ausfahrt Anfang der 1920er Jahre.

SEYFFER
FERTIGUNGSGESELLSCHAFT m.b.H.
MÜNCHEN 25

Fertigung von:
ERSATZTEILEN für KRAFTFAHRZEUGE
SICHERHEITSSCHLÖSSERN
GEBRAUCHSARTIKELN
ARMATUREN
MASCHINEN
GERÄTEN

ÜBERREICHT DURCH: ....

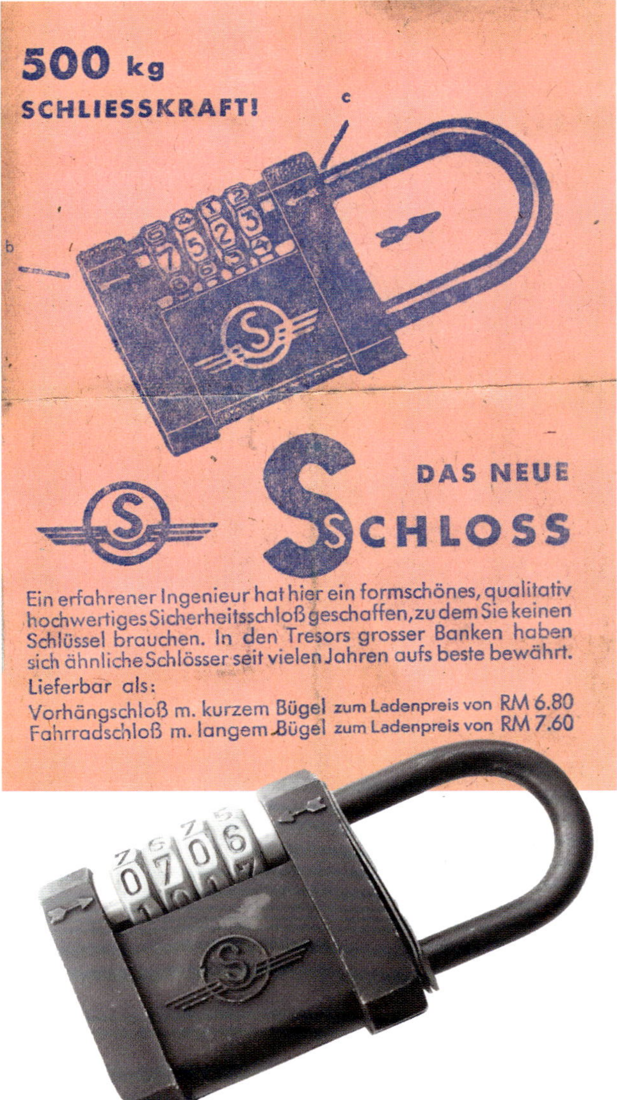

Oben links: Visitenkarte der Seyffer Fertigungsgesellschaft mbH von Ende 1945.

Oben rechts: Schon bald nach Ende des Kriegs bot Max Seyffer mit diesem Prospekt sein erstes Produkt an, ein robustes Zahlenschloss.

Rechts: Nur sehr wenige S-Schlösser, wie dieses aus der frühen Nachkriegsfertigung, haben bis heute überlebt.

1930 machte der nach wie vor flugbegeisterte Seyffer den Motorflugschein in der Fliegerschule Eibel in Schleißheim und kaufte sich zusammen mit einem Freund eine Klemm L 25 mit BMW-Motor. Ein Jahr später heiratete er die Tochter des Zeppelin-Konstrukteurs Theodor Kober, wurde begeisterter Sportflieger und gewann unter anderem 1933 den Preis für den besten Privatflieger beim „Deutschlandflug". Bald darauf kam es beim Start eines Flugzeugs zu einem Unfall, bei dem sich Seyffer eine schwere Wirbelsäulenverletzung zuzog, die ihm später allerdings die Teilnahme am Zweiten Weltkrieg ersparen sollte.

Mitte der 1930er Jahre entwarf Max Seyffer einen kleinen Flugmotor mit 20 PS, zudem entwickelte er Geräte zur Messung der Beanspruchung von Flugzeugen. Er verließ BMW 1937 und wurde leitender Entwicklungsingenieur der Uher & Co. Luftfahrtgeräte GmbH in der Münchner Boschetsrieder Straße. 1939 endete seine Fliegerkarriere mit der Beschlagnahmung seines Flugzeugs durch die Wehrmacht. Nach Kriegsende setzten die Besatzer Seyffer schließlich als Treuhänder der Uher & Co. Werke ein.

Vermutlich schon vor dem absehbaren Ende des Kriegs mit der deutschen Kapitulation hatte Seyffer Überlegungen zu Produkten angestellt, die in den kommenden schweren Zeiten verkäuflich wären. Er beschäftigte sich noch innerhalb der Firma Uher mit der Entwicklung eines Zahlenschlosses, eines kleinen Einkaufswagens und weiteren, einfach zu produzierenden Artikeln. Kurz nach

Kriegsende gründete er in noch nutzbaren Räumen in der Landsberger Straße 83–87 die „Seyffer Fertigungsgesellschaft mbH“, geplant waren auch Ersatzteile für BMW- und DKW-Fahrzeuge und -Motoren.

Es ist heute nicht mehr zu klären, ob sich die kleine Manufaktur von Max Seyffer noch des Maschinenbestands der Uher Werke bediente oder ob er bereits Werkzeuge und einfache Maschinen zur Herstellung seiner bescheidenen Produkte hatte organisieren können. Vermutlich war es zunächst eine Mischung aus beidem. Ende 1945, als er sich mit den eingeladenen Spezialisten zur Planung eines Fahrrad-Hilfsmotors traf, war eine bescheidene handwerkliche Serienherstellung des „S-Schlosses“ bereits angelaufen, des Produkts, das der jungen Firma zusammen mit dem Bau und Verkauf von einfachen Einkaufswagen aus Aluminium einen Grundstock an Kapital einbringen sollte.

Starke Partner

Doch zurück ins Jahr 1945: Mit am Besprechungstisch saß am 18. November auch Fritz Gockerell. Er und Max Seyffer hatten sich nach ihrer gemeinsamen Zeit als Motorrad-Rennfahrer in den 1920er Jahren, während der eine Freundschaft entstanden war, aus den Augen verloren, hatten sich jedoch nach Kriegsende wieder getroffen und gemeinsam Pläne geschmiedet. Gockerell hatte in der Vergangenheit viele Erfahrungen mit der Konstruktion und Fertigung verschiedener Fahrrad-Hilfsmotoren gesammelt, wenn auch nur selten mit kommerziellem Erfolg.

Über den Konstrukteur und Erfinder Friedrich „Fritz“ Gockerell, geboren am 25. November 1889, sind bereits einige Abhandlungen erschienen, denn er zählte zu den interessantesten Persönlichkeiten auf dem Gebiet des Motoren- und Fahrzeugbaus vor dem Zweiten Weltkrieg in München und auch noch einige Zeit danach.

Die Bandbreite seiner Konstruktionen reichte vom winzigen Zweitaktmotor mit 25 ccm für Fahrräder bis zum Sechszylinder-Zweitakt-Diesel-Flugmotor mit 400 PS, vom Dreirad-Kleinauto bis zum Targa-Florio-tauglichen Rennwagen, vom Kleinmotorrad mit Einzylinder 110 ccm-Zweitaktmotor bis zum Achtzylinder-Zweitakter oder vom Motorrad mit Sternmotor bis zum Presslufthammer für den Straßenbau.

Fritz Gockerells Vater, Friedrich Gockerell, entstammte einer Hugenotten-Familie, die bereits im 17. Jahrhundert aus Frankreich nach Deutschland übergesiedelt war und sich im traditionellen Hutmachergewerbe erfolgreich etabliert hatte. Das Geschäft des Vaters in München florierte und Fritz begann folglich eine Hutmacherlehre im väterlichen Betrieb. Seine große Liebe galt jedoch der Technik und als sein Vater 1906 verstarb, beendete Fritz seine Karriere als Hutmacher und vertiefte sich in technische Studien und Versuche. Mit 20 Jahren – bereits beim bayerischen Militär – wurde er Maschinist auf dem Luftschiff „Parseval“, danach arbeitete er als Mechaniker in der Militärflugschule am Münchner Oberwiesenfeld. Nach dem Kriegsdienst wurde er 1917 Prüfingenieur bei den Rapp Motorenwerken, die – wie schon erwähnt – wenig später in der Bayerischen Motorenwerke AG aufgingen. Nur kurz blieb Gockerell bei BMW, dann wechselte er zur Maschinenfabrik Maffei und schon im Laufe des Jahres 1918 wagte er schließlich den Schritt in die Selbstständigkeit.

An verschiedenen Standorten zumeist in München und mit wechselnden Geschäftspartnern gelang es ihm jedoch nur selten, seine Ideen auch zu wirtschaftlichen Erfolgen zu entwickeln. Einzig seine frühen Motorradkonstruktionen, hier vor allem die legendäre „Megola“, und letztendlich Fahrrad-Hilfsmotoren in verschiedenen Ausführungen, wie der gut verkäufliche „Piccolo“, erlangten eine nennenswerte Verbreitung. Die meisten seiner Ideen

Fritz Gockerell, einer der vielseitigsten Konstrukteure und Erfinder Deutschlands der 1920er bis 1960er Jahre.

Fritz Gockerell mit seiner Mutter und seinem ersten Fahrrad im Jahr 1895.

Prospekt für eine der ersten Hilfsmotor-Konstruktionen von Gockerell für den englischsprachigen Markt.

blieben im Planungs- und Prototypenstadium stecken, einige wurden patentiert und veräußert und verhalfen dadurch anderen zum Erfolg, der Gockerell selbst aber fast immer verwehrt blieb.

Als Rennfahrer war Fritz Gockerell auf seinen eigenen Konstruktionen in Deutschland und Italien manchmal durchaus auch erfolgreich unterwegs, doch die Konkurrenz war stets groß und weitere Entwicklungsarbeiten hatten stets Vorrang vor dem Streben nach persönlichem Erfolg.

Der freundliche Mann mit der markanten Nase, der seine Produkte unter dem anglisierten Namen „Cockerell" und mit einem Hahn (bayerisch: „Gockel", englisch: „Cock") als Markenzeichen zu vermarkten versuchte, war ein besessener Techniker und Tüftler, der zugunsten seiner Leidenschaft fast gänzlich auf ein Familienleben verzichtete, wie seine Enkelin Nina noch heute zu erzählen weiß. Andererseits hatte er einen kleinen, aber engen Freundeskreis, von dem er wegen seines Humors, seines Gitarrenspiels und seiner Bereitschaft, bei jeder „Gaudi" mitzumachen, sehr geschätzt wurde. Er war eng befreundet mit dem legendären bayerischen Humoristen Karl Valentin, dem er bei manchen Gelegenheiten, vor allem im Münchner Fasching, zum Verwechseln ähnelte. Zu Hause bei Frau und Kindern ließ er sich dagegen eher selten blicken, weshalb seine beiden Ehen wohl auch nicht hielten.

Betrachtet man heute Gockerells enorm umfangreichen Nachlass an Zeichnungen, Berechnungen und Korrespondenz, so ist man verblüfft, dass das Leben eines einzelnen Menschen hierfür ausreichte. Noch Anfang der 1960er Jahre und bis zu seinem Tod am 16. April 1965 arbeitete Gockerell unermüdlich weiter an Motoren für die verschiedensten Einsatzmöglichkeiten. Am Ende erlag Fritz Gockerell in München mit 76 Jahren einem Krebsleiden, mittellos und von der Fachwelt fast vergessen.

Neben Seyffer und Gockerell nahm am 18. November 1945 Rudolf Schleicher am Besprechungstisch Platz.

Schleicher wurde am 2. August 1897 in Basel als Sohn deutscher Eltern geboren. Im Ersten Weltkrieg diente er in der Bayerischen Kraftfahrkompanie an der Westfront. Nach seinem Kriegseinsatz begann er 1918 ein Studium an der Technischen Universität München, das er als Diplom-Ingenieur abschloss. Eine erste Anstellung als Ingenieur fand er 1922 bei der Süddeutsche Bremsen-AG in München. Im Zuge der Transaktionen zwischen BMW AG, BFW AG und der Süddeutsche Bremsen AG wurde er dann im November 1922 BMW-Mitarbeiter. Durch Vermittlung von Max Friz startete der Motorrad-begeisterte Rudolf Schleicher ab diesem Zeitpunkt seine Laufbahn als Motorenentwickler bei BMW. Eine seiner ersten Aufgaben war die Serienanlauf-Vorbereitung der R 32, des nicht zuletzt wegen seiner Qualität legendären ersten Motorrads von BMW.

Im Laufe der nächsten zwei Jahrzehnte war Schleicher bei BMW München auch als Rennfahrer maßgeblich an der Entwicklung und Erprobung neuer Motorradkonstruktionen beteiligt. Bei der ADAC-Winterfahrt vom 1. bis zum 3. Februar 1924 in Garmisch-Partenkirchen erzielte er auf einer BMW R 32 den ersten Motorsporterfolg für das Unternehmen. Als Privatfahrer gewann er bei der Internationalen Sechstagefahrt 1926 mit der von ihm entwickelten BMW R 37 die erste Goldmedaille für Deutschland. Dabei handelte es sich auch um den ersten internationalen Motorsporterfolg für BMW.

1927 wechselte Rudolf Schleicher als Leiter des Motorenversuchs nach Zwickau zu Horch und entwickelte zusammen mit Fritz Fiedler Achtzylinder-Pkw-Motoren. 1931 kehrte er wieder zu BMW zurück und arbeitete als Versuchsleiter für Wagen und Motorräder. Ab 1932 war er Leiter des Konstruktionsbüros für Krafträder. Nach seiner Idee wurde auch das vollverkleidete Kompressor-Motorrad entwickelt, mit dem Rennfahrer-Legende Ernst Henne mehrmals den absoluten Motorrad-Weltrekord bis auf schließlich 279,5 km/h steigerte. Darüber hinaus entwickelte Schleicher auch den ersten Sechszylinder-Wagenmotor für BMW.

Oben: Fritz Gockerell als Hutmacher-Lehrling vor dem Geschäft seines Vaters in München.

Unten: Fritz Gockerell auf seiner berühmtesten Konstruktion, dem Megola-Motorrad mit Sternmotor in der Vorderradnabe.

Ganz links: Nicht nur als Konstrukteur, sondern auch im Rennsport erfolgreich: Fritz Gockerell auf einer seiner Eigenkonstruktionen Anfang der 1920er Jahre.

Links: Frau Gockerell auf einem vollverschalten Roller-Prototyp mit Zweitaktmotor.

Blick in die Fertigungshalle für das erste BMW-Motorrad vom Typ R 32, ca. 1923/24.

Ganz links: Fritz Gockerell, der auch mit dem bayerischen Komiker Karl Valentin befreundet war, beim Gitarrenspiel in fröhlicher Runde.

Links: BMW-Motorenkonstrukteur Rudolf Schleicher, eine der legendären Persönlichkeiten der BMW-Geschichte.

Am 21. Oktober 1939 wurde Rudolf Schleicher die technische Leitung des Motorradbaus übertragen. Am 18. Oktober 1940 wurde er Bevollmächtigter des Vorstands für das Gebiet Motorradentwicklung und Motorradfertigung und war damit den Geschäftsführern der Konzerngesellschaften gleichgestellt. Bis 1945 blieb er Entwicklungsleiter für Motorräder bei BMW. Im Zweiten Weltkrieg wurde er mit der Verlagerung der gesamten Fahrzeugentwicklung und der Versuchsabteilung in den kleinen Ort Berg am Starnberger See betraut.

Nach dem Krieg, im August 1945, übernahm er die dortigen einfachen Räumlichkeiten zusammen mit einem kleinen Bestand an Maschinen von BMW und machte sich mit einer Handvoll Mitarbeitern selbstständig. Für die Finanzierung musste er ein Mietshaus in München veräußern. Die kleine Firma befasste sich mit der Überholung von Automotoren, der Nachfertigung von Ersatzteilen und der Herstellung von Motor- und Anbauteilen wie Pleuelstangen, Öl- und Wasserpumpen.

1947 zog die Firma mit rund 25 Mitarbeitern, darunter dem Motorrad-Rennfahrer Wiggerl Kraus, in eine ehemalige Wehrmachtsbaracke in der Münchner Boschetsrieder Straße 125 um. Ein paar Jahre später entstand auf diesem Grundstück, auf dem auch die Villa von Schleichers Großeltern stand, ein moderner Neubau. Ab 1956 war Rudolf Schleicher wieder als Berater für die BMW-Entwicklungs- und Versuchsabteilung tätig, die Firma in der Boschetsrieder Straße wurde von seinen Söhnen Hans und Rolf weitergeführt. Die Firma Schleicher wurde zu einem Spezialisten in der Entwicklung und Fertigung von Nockenwellen für die verschiedensten Motorarten und ist bis heute auf diesem Gebiet erfolgreich aktiv. Rudolf Schleicher verstarb am 24. Oktober 1989 mit 92 Jahren in München.

Bei der Besprechung am 18. November 1945 war der Ingenieur Emil Stiebling, geboren am 22. September 1898 in München, der Vierte im Bunde.

Stieblings Vater Heinrich war Ingenieur und so lag es nahe, dass sich auch Emil frühzeitig für das Thema Technik interessierte. Die Leidenschaft für Flugzeuge verband ihn mit Max Seyffer, den er schon während der Schulzeit kennengelernt hatte. Nach der Schule besuchte Emil Stiebling die Maschinenbau-Fachschule in München und war zusammen mit Seyffer im Modellflugsport aktiv. Im

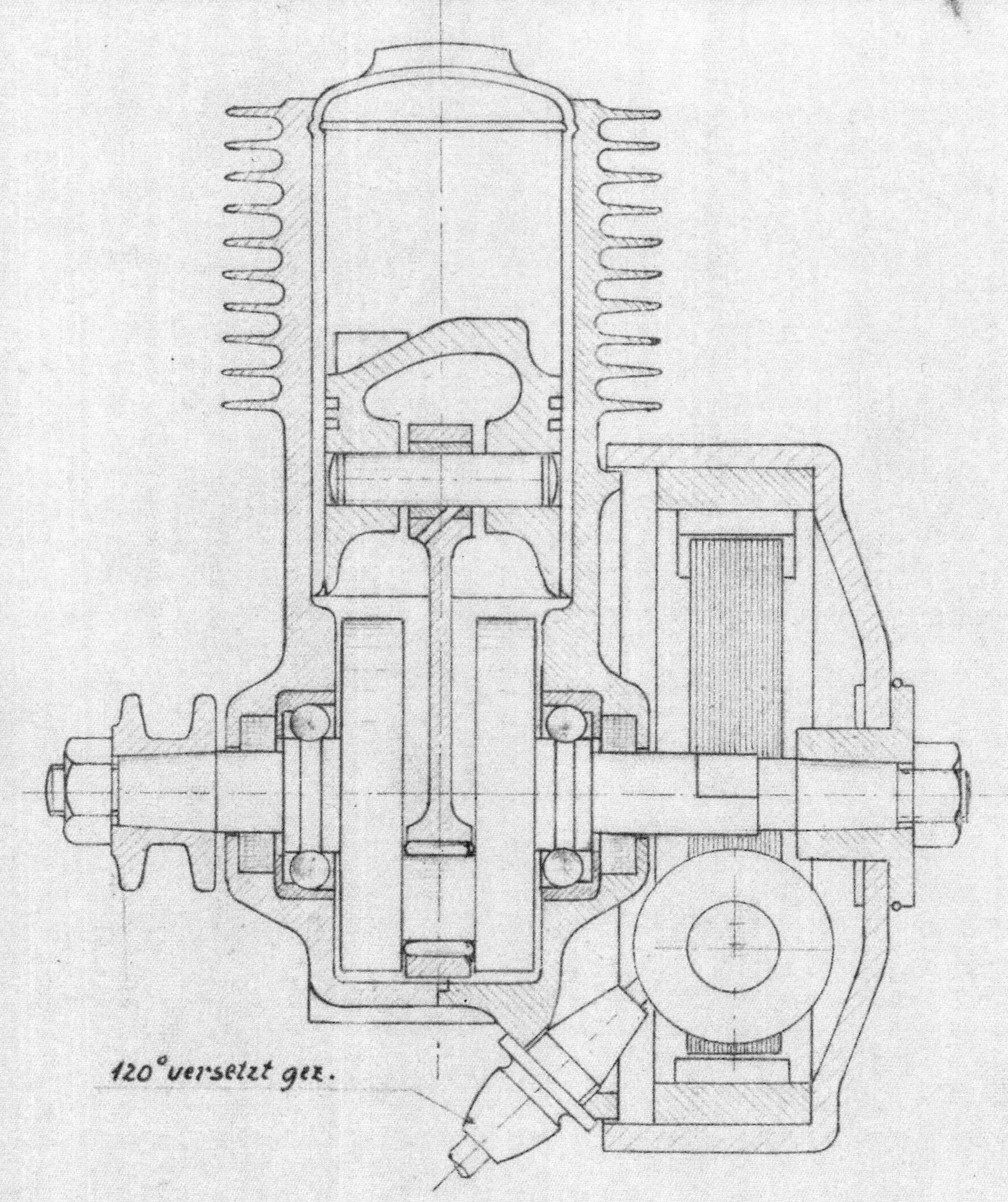

Querschnitt zum Fahrad-Hilfsmotor

Natürliche Grösse.

Oben: Emil Stiebling arbeitete schon vor dem Krieg mit Max Seyffer bei DKW an Zweitaktmotoren.

VIII. Jahrgang Nr. 15 Mitte August 1928

KLEIN-MOTOR-SPORT

BEGRÜNDET VON OSKAR URSINUS ✶ CIVIL-ING.

Verlag des „Klein-Motor-Sport" Frankfurt am Main, Niddastraße 81/83
Preis der Einzel-Nummer 50 Pfennig

Aus dem Inhalt:
Junek † / BMW / Fortsetzung der Aussprache über Kleinwagen

Rechts: Rudolf Schleicher auf BMW auf dem Titel einer Motorsport-Zeitschrift von 1928.

Linke Seite: Konstruktionszeichnung für einen Fahrrad-Hilfsmotor von Fritz Gockerell vom Dezember 1931.

Kriegsdienst ab 1916 machte er eine Ausbildung zum Jagdflieger, kämpfte an der Italien-Front und wurde Fluglehrer.

Nach dem Ende des Ersten Weltkriegs bekam er Anfang 1919 eine Anstellung als Maschinenzeichner und Hilfskonstrukteur bei der Vesuvio AG in München, einem Entwickler für Müllverbrennungsanlagen. Doch diese Tätigkeit entsprach nicht wirklich seinen Interessen und so trat er bereits 1920 als Konstrukteur in Fritz Gockerells Megola-Werk ein, wo er 1922 die Leitung der Konstruktion von Motoren, Getrieben und Fahrgestellen übernahm und wieder auf Max Seyffer traf.

Im Jahr darauf heiratete Stiebling seine Frau Emmy. Seine Beschäftigung bei Gockerell fand ein Ende, da dieser immer wieder in finanzielle Schwierigkeiten geriet und sich von Angestellten trennen musste. 1924 begann Emil Stiebling seine Laufbahn bei DKW in Zschopau, wo er seine Fähigkeiten im Bereich der Konstruktion von Zweitaktmotoren weiter ausbauen konnte. 1928 wechselte er zu den Triumph Werken in Nürnberg.

1930 kam Stiebling zu Audi in Zwickau und wenig später zurück zu DKW als Spezialist für die Konstruktion und Weiterentwicklung von Automobil-, Industrie- und Rennsportmotoren im Zweitaktverfahren. 1934 wurde er Abteilungsleiter bei den Framo-Werken in Hainichen und war hier verantwortlich für die Entwicklung von Lieferfahrzeugen und Kleinlastwagen.

Emil Stiebling kehrte 1939/40 mit Frau und Tochter nach München zurück und wurde auf Vermittlung von

Max Seyffer leitender Oberingenieur bei den Uher Werken. Aus dieser Zeit sind bereits Zeichnungen zu kleinen Einzylinder-Zweitaktmotoren überliefert.

Neben diesen drei Spezialisten für die Entwicklung von Zweirädern und Zweitaktmotoren hatte Max Seyffer noch drei weitere Herren zur Besprechung geladen, über die heute allerdings so gut wie keine Informationen vorliegen: Ingenieur Erdmann scheint ebenfalls Konstrukteur im Bereich der Zweitakttechnik gewesen zu sein, im Verlauf weiterer Besprechungsprotokolle taucht er immer wieder als kompetenter Entwickler auf. Über Herrn Wiedig ist nichts bekannt, er wird später auch nicht mehr erwähnt. Das Spezialgebiet von Herrn Victora scheint Elektrotechnik gewesen zu sein, mehr ist allerdings nicht überliefert.

Sieben Herren schmieden einen Plan

Der 18. November 1945 gilt somit als Ursprungsdatum des späteren Rex-Fahrrad-Hilfsmotors, obwohl an jenem schicksalhaften Tag noch niemand an diese Bezeichnung dachte. Die Voraussetzungen für solch eine Entwicklung waren jedoch trotz der Notzeit gegeben. Max Seyffer hatte ja, wie bereits geschildert, schon kurz nach Ende des Kriegs Räumlichkeiten in der Landsberger Straße 83–87 beziehen können und dort mit der Herstellung des von ihm entwickelten S-Schlosses, einem einfachen Zahlenschloss, nicht unähnlich einem in jener Zeit auch bei Uher gefertigten Modell, begonnen. Aufgrund zahlreicher Diebstähle und Einbrüche in jener Zeit war solch ein Sicherungsmittel hoch willkommen. Rudolf Schleicher hatte in Berg am Starnberger See Werkstätten für die Fertigung von Motorkomponenten und Kleinteilen einrichten können und Fritz Gockerell verfügte über einen technischen Fertigungsbetrieb in der Maria-Einsiedel-Straße im Süden von München. Darüber hinaus hätten bei Bedarf auch die Uher-Werke in dieses Projekt mit Fertigungsaufträgen eingespannt werden können, denn die bisherige Fertigung von Teilen zum Flugzeugbau war natürlich längst eingestellt worden.

Diese erste Besprechung zu Seyffers Idee, einen „brauchbaren“, sprich zuverlässigen, einfachen, leistungsfähigen und billigen Fahrradmotor zu entwickeln, weckte laut Protokoll bei allen Beteiligten reges Interesse. Sicher hatte sich Max Seyffer schon im Vorfeld mit seinen guten Bekannten und Freunden Gockerell, Stiebling und Schleicher über seine Absichten unterhalten. Alle Beteiligten des Gesprächs gingen bereits in detaillierte Erörterungen der möglichen Probleme, vor allem unter den äußerst prekären Umständen der frühen Nachkriegszeit.

Die Planung wird konkret

Wie im Protokoll vermerkt, fragte Max Seyffer nun die Anwesenden, ob „die Herren bereit seien, ihr Wissen und ihre Erfahrungen rückhaltlos zur Verfügung zu stellen.“ Alle erklärten sich dazu bereit. Dann ging es um die Finanzierung und Seyffer kündigte an, 100.000 Reichsmark für Entwicklungsaufträge in die Firma Uher & Co. und die Firma Schleicher zu investieren, wohl ein Großteil seines Vermögens. Ferner habe er bereits eine Entwicklungsgenehmigung bei der US-Militärregierung beantragt und erwarte in Kürze die Genehmigung. Im Anschluss wurden schon Details der Konstruktion erörtert.

Ingenieur Erdmann hatte bereits ein grobes Lastenheft erstellt:

- einfacher Einbau in jedes Fahrrad
- kein Ersatz vorhandener Fahrradteile
- problemlose Nutzung des Rades auch ohne Motor
- Kosten nicht höher als ein gutes Fahrrad
- keine zu starke Belastung des Fahrrads durch Motorbetrieb

Es wurde eifrig debattiert: Sollte man einen Freilauf vorsehen? Der Motor musste auf jeden Fall leicht zu bedienen sein – auch von Frauen. Bei täglichem Betrieb musste er drei Jahre halten und er sollte formschön sein. Und wo sollte man den Tank anbringen? Gut getrennt vom Motor!

Fest stand bereits eine Montage zum Antrieb des Vorderrades. Aber mittels Kette, Riemen oder Reibrolle? Das Für und Wider wurde besprochen. Fritz Gockerell riet von einem 2-Gang-Getriebe ab. Er hatte aber ein Patent auf die Befestigung des Motors mittels zweier Blechstanzteile am Lenkerschaftrohr und auf Fahrradschutzbleche am Gabelkopf angemeldet (wird später verwirklicht!).

Das Dokument zum Start der Entwicklungsarbeiten für den späteren Rex-Motor vom 18. November 1945.

B e s p r e c h u n g s - N i e d e r s c h r i f t

betr. Fahrrad - Hilfsmotor am 18.11.45

Anwesend die Herren:

Schleicher
Cockerell
Stiebling
Wiedig
Erdmann
Victora
Seyffer.

Herr Seyffer eröffnet die Sitzung und erklärt, dass er die Herren hierher gebeten habe, um mit ihnen gemeinsam über die Entwicklung eines brauchbaren Fahrrad-Hilfsmotors zu beraten.
Es sei seine feste Ansicht, das Problem gänzlich zu ergründen ohne Rücksicht auf Kosten und Zeit. An dem von Herrn Schleicher zur Verfügung gestellten alten Fahrrad-Hilfsmotor Piccolo erläutert er, dass dieser eine zu grosse Reibrolle von 50 mm habe, wodurch sich das Übersetzungsverhältnis sehr ungünstig gestaltet habe, dass der Motor ständig überlastet sei und zu wenig Touren und damit zu wenig Leistung und vor allem Beschleunigung hergegeben habe. Ausserdem sei der Motor szt. zu Ende der Inflation im Jahre 1923 herausgekommen. Durch die Geldknappheit infolge der Reichsmark-Stabilisierung sei eine ausreichende technische Erprobung nicht mehr möglich gewesen und technische Mängel: wie das falsche Übersetzungsverhältnis und das häufige Reissen des Bowdenzuges usw. haben die Einführung des Motors verhindert.

Die Lage heute nach dem ebenfalls verlorenem Kriege erfordert wieder billige Fortbewegungsmittel. Darum bitte er um die Mitarbeit aller Anwesenden eines wirklichen Fahrrad-Hilfsmotors.

Alle hieran Beteiligten sollten dann auch an dem Gewinn bezw. an dem Umsatz einer später aufzunehmenden Fertigung beteiligt sein.

Hr. Seyffer fragt, ob die Herren bereit seien, ihr Wissen und ihre Erfahrungen rückhaltslos zur Verfügung zu stellen.
Alle Anwesenden erklärten sich dazu bereit.
<u>Hr. Schleicher</u> soll ein Entwicklungs- und Erprobungsauftrag gegeben werden.

Hr. Seyffer erklärt hiezu, dass er als Treuhänder der Fa. Uher & Co. bei der derzeitigen finanziellen Lage diese Firma nicht in ein Risiko bringen dürfe, als was man die Entwicklung eines Fahrrad-Hilfsmotors bezeichnen müsse.

./.

SEYFFER KG. FERTIGUNGSGESELLSCHAFT
MÜNCHEN 25

BRIEFANSCHRIFT: MÜNCHEN 25-Forstenriederstrasse 53 · FERNRUF 73844/45/46/ · RBNr. 0/0850/7901

Herrn
Ing. Cockerell
13 b) München

Ihre Zeichen | Ihre Nachricht vom | Unsere Zeichen Sy/Ge. | Absendetag 12. Jan. 1946.

BETREFF:

Lieber Herr Cockerell !

Wie Ihnen bekannt, beabsichtige ich einen Fahrrad-Hilfsmotor zu entwickeln und entweder selbst - oder bei einer noch später fest legenden Firma bauen zu lassen.
Die Konstruktion dieses Fahrrad-Hilfsmotors stammt, wie bekannt, aus einer von mir angeregten Gemeinschaftsarbeit, an welcher Sie persönlich - Herr Dipl.Ing.Rudolf Schleicher, München - Herr Ing. Emil Stiebling, Hohenschambach Post Deuerling -bei Regensburg - und Herr Ing. Erdmann, München beteiligt sind.
Eine Entschädigung für diese geleistete Gemeinschaftsarbeit, erfolgt in der Weise, dass bei der geplanten Serien-Herstellung des Fahrrad- Hilfsmotors, unabhängig von dem dann endgültig ausgeführten Baumuster, Sie - und vorgenannte Herren mit mindestens 1% aus dem erzielten Umsatz beteiligt sind.
Sie haben sich bereit erklärt alle während dieser Entwicklung in Erscheinung tretenden diesbezüglichen Entwicklungs-Gedanken ohne besondere Entschädigung, auch wenn sie schutzfähig sind, für die geplante Serien- Fertigung zur Verfügung zu stellen, da ja eine Abgeltung in oben festgelegter Form erfolgt.
Darüber hinaus habe ich mich bereit erklärt, Ihre fertige Konstruktion eines Fahrrad- Hilfsmotors 40 ccm gegen Lieferung eines - kompl.Motore und eines Original-Zeichnungs-Satzes für den gesamten Motor - für den Betrag von.... ....RM 3 000.-- zu übernehmen.

./. s. R.

Links: In einem Schreiben an Fritz Gockerell vom 12. Januar 1946 regelte Max Seyffer die Zusammenarbeit.

Rechte Seite: Zeichnung zu einem weiterentwickelten Fahrradmotor von Fritz Gockerell vom Juni 1945 – eine Basis für den neuen Motor.

Seyffer meinte, dass der Motor mindestens 0,4 PS leisten müsse. Gockerell erklärte, dass er zurzeit einen 38 ccm-Motor mit Keilriemenantrieb auf das Vorderrad bauen würde, der 25 bis 28 km/h ermögliche und einen Leerlauf habe. Rudolf Schleicher erkundigte sich daraufhin, warum er Riemenantrieb gewählt habe, und Gockerell informierte ihn darüber, dass eine Kettenradbefestigung an Speichen der Firma Fichtel & Sachs mit Gebrauchsmuster geschützt und der Riemenantrieb einfacher und elastisch sei (wird später ebenfalls verwirklicht!).

Dann wurde über Versuche mit Reibrollenantrieb diskutiert und es wurde beschlossen, einen Mehrzweckmotor für Tests mit verschiedenen Antrieben zu wählen. Emil Stiebling sollte in drei Wochen einen Entwurf vorlegen und die Firma Schleicher sollte danach die Detaillierung und Anfertigung übernehmen. Allerdings fehlte noch ein Mehrzweckmotor, also Test-Motor. Schleicher verfügte über einen 40 ccm-Sachs-Motor mit Gebläsekühlung, der aber zu schwer war, und ein vorhandener Cockerell-Piccolo-Motor war zu schwach. Gockerell bot nun einen 60 ccm-Motor an, den er in vier Wochen an Schleicher liefern könne und Seyffer drang darauf, dass er vier Wochen später noch einen weiteren Motor liefern müsse.

Ausführlich wurde über die verschiedenartigen Reibrollen gesprochen: Stiebling favorisierte Kette oder Riemen, Seyffer die Reibrolle. Dann ging es um die Zündanlage, für die schon Entwürfe vorlagen, doch Stiebling wollte bei Noris in Nürnberg anfragen, da er die Firma gut kannte. Ingenieur Erdmann wollte die Frage der Zulieferungen für den Motor klären und zeigte Zeichnungen des schweren ILO-Motors. Zudem wurde rege über das Problem der Kühlung gesprochen. Der neue Motor sollte laut Seyffer ein Gewicht von drei Kilogramm nicht überschreiten.

Man trennte sich schließlich voller Tatendrang und vereinbarte einen Anschlusstermin am 9. Dezember.

Das nächste Treffen fand jedoch schon am 8. Dezember statt. Max Seyffer ließ sich wegen Krankheit entschuldigen, sodass Erdmann als Protokollant fungierte. Er und Victora berichteten über Reibrollenversuche mit einem 60 ccm-Styriette-Motor. Bei Eis und Schnee war man mit glatter und profilierter Reibrolle gefahren, wobei Letzterer der Vorzug zu geben sei. Um schneller an Resultate zu kommen, wurde angeregt, bei Uher einen Reibrollen-Prüfstand zu bauen.

Fritz Gockerell berichtete von seinen Problemen beim Bau des angebotenen Versuchsmotors: Materialbeschaffung, Teilefertigung und Beschaffung eines geeigneten Zündmagneten gestalteten sich schwierig. Auch in diesem Fall sollte jetzt Uher einspringen und beim Modellschreiner Krön auf die Schnelle für die Fertigung von Zylinder- und Kopfmodellen aus Holz sorgen. Ingenieur Erdmann sollte ein Schulterlager beschaffen und bei Uher wurden

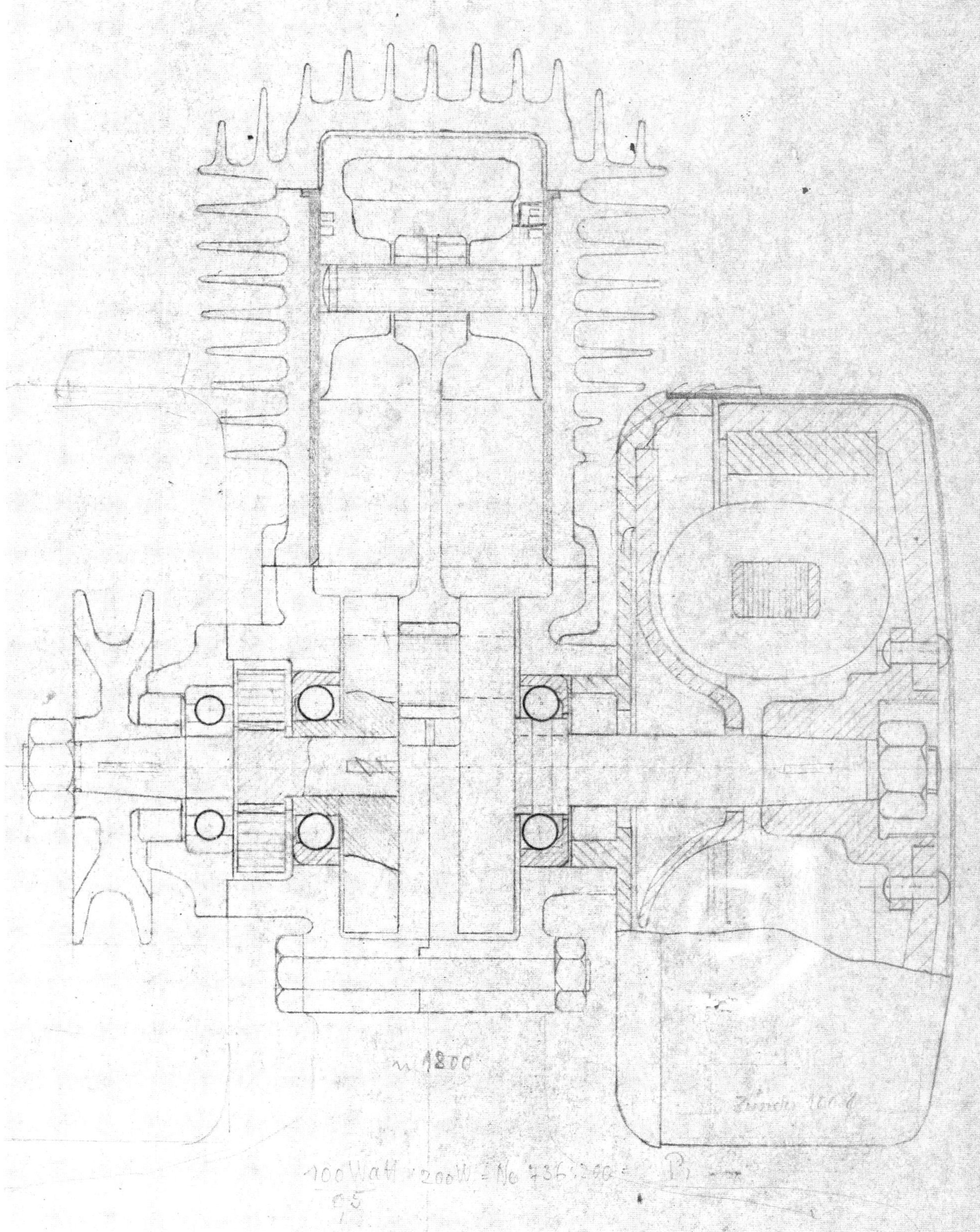

sechs Kurbelzapfen in Auftrag gegeben. Gockerell sollte es dadurch ermöglicht werden, den Motor für den Versuch bis Weihnachten an Schleicher zu liefern. Erdmann steuerte aus seinem Besitz einen Bosch-Alni-Zündmagneten bei.

Ferner wurde beschlossen, dass Emil Stiebling bis Weihnachten verschiedene Antriebe konstruieren sollte, die daraufhin bei Schleicher in Berg ausgeführt wurden.

Am 14. Dezember schrieb Max Seyffer an Gockerell, dass er von Stiebling verschiedene Entwürfe erhalten habe, und lud ihn zur nächsten Besprechung am 16. Dezember, um 9 Uhr in die Boschetsrieder Straße 59 ein.

Am 16. Dezember 1945 traf man sich also wieder in Seyffers Büro. Dabei wurde festgelegt, dass bei der Firma Schleicher Versuche mit dem Cockerell-Motor durchgeführt werden und bei Uher der Reibrollenprüfstand gebaut wird. Stiebling wurde aufgefordert, bis zum 12. Januar 1946 Detailzeichnungen für den Mehrzweckmotor anzufertigen, der dann schnellstens bei Uher gebaut werden sollte. Die Aufhängung des Motors sollte wie beim Cockerell-Motor erfolgen und die Kraftübertragung war mittels Kette, Spezialnabe und Freilauf auszuführen. Dann heißt es im Protokoll:

„Herr Seyffer bittet Herrn Stiebling, den Radfixmotor umzukonstruieren, wobei prinzipiell berücksichtigt werden soll, daß die Symmetrie gewahrt wird. Herr Erdmann stellt hierzu Herrn Stiebling Pausen seiner Entwicklungsentwürfe der Radfixbauart zur Verfügung."

Hieraus ist zu schließen, dass die Bezeichnung „Radfix" für den späteren Serien-Vorgänger des Rex-Motors auf Ingenieur Erdmann zurückgeht. Erdmanns Konstruktion war also neben Gockerells Motoren die Basis für die Entwicklung des Radfix-Motors, allerding weiterentwickelt durch Emil Stiebling. Die Befestigung des Motors sollte Stiebling, wie von ihm und Gockerell angeregt, ebenfalls ausarbeiten. Zunächst wurde auch eine liegende Zylinderausführung erwogen, wobei man von 36x32 mm Bohrung und Hub ausging. Gleichzeitig sollte bei der Firma Schleicher der Riemenantrieb mit den beiden Cockerell-Motoren erprobt werden, aber auch Lösungen mit Reibrollen.

Im Anschluss wurden weitere konstruktive Einzelheiten besprochen: Unter anderem sollte der Mehrzweckmotor einen stehenden Zylinder aus Grauguss erhalten, weil dies kostengünstiger war und Nicht-Eisenmetalle beschlagnahmt wurden.

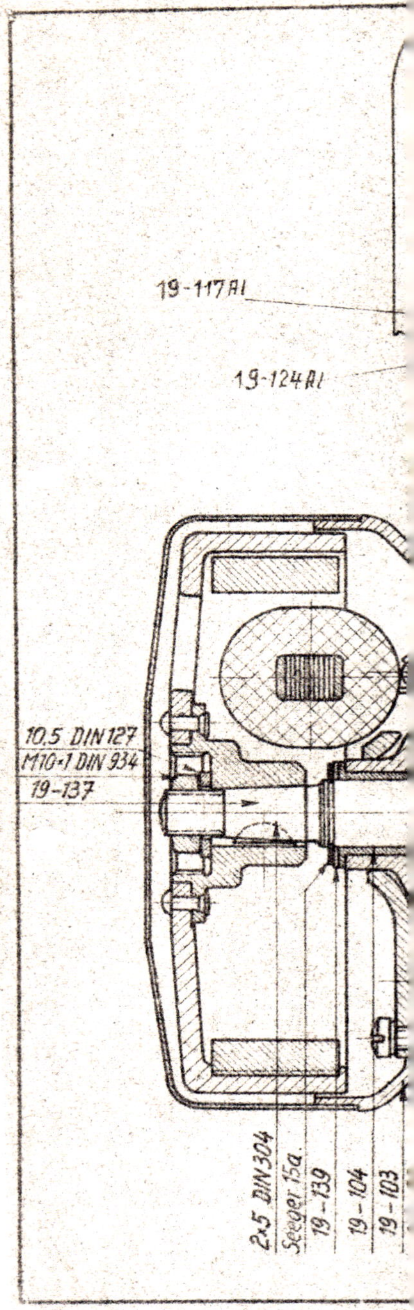

Im August 1946 zeichnete Emil Stiebling detailliert den Motor FM 30, der etwa ein Jahr später als „Radfix" in Kleinserie ging.

Es kristallisierte sich zunehmend heraus, dass der Hauptteil der Konstruktionsarbeiten von Stiebling, Erdmann und Gockerell übernommen wird, dass Teile bei Uher, Seyffer und Gockerell gefertigt bzw. von diesen bei weiteren Zulieferern in Auftrag gegeben werden und dass in Schleichers Betrieb die Mehrzahl der Versuche stattfinden wird.

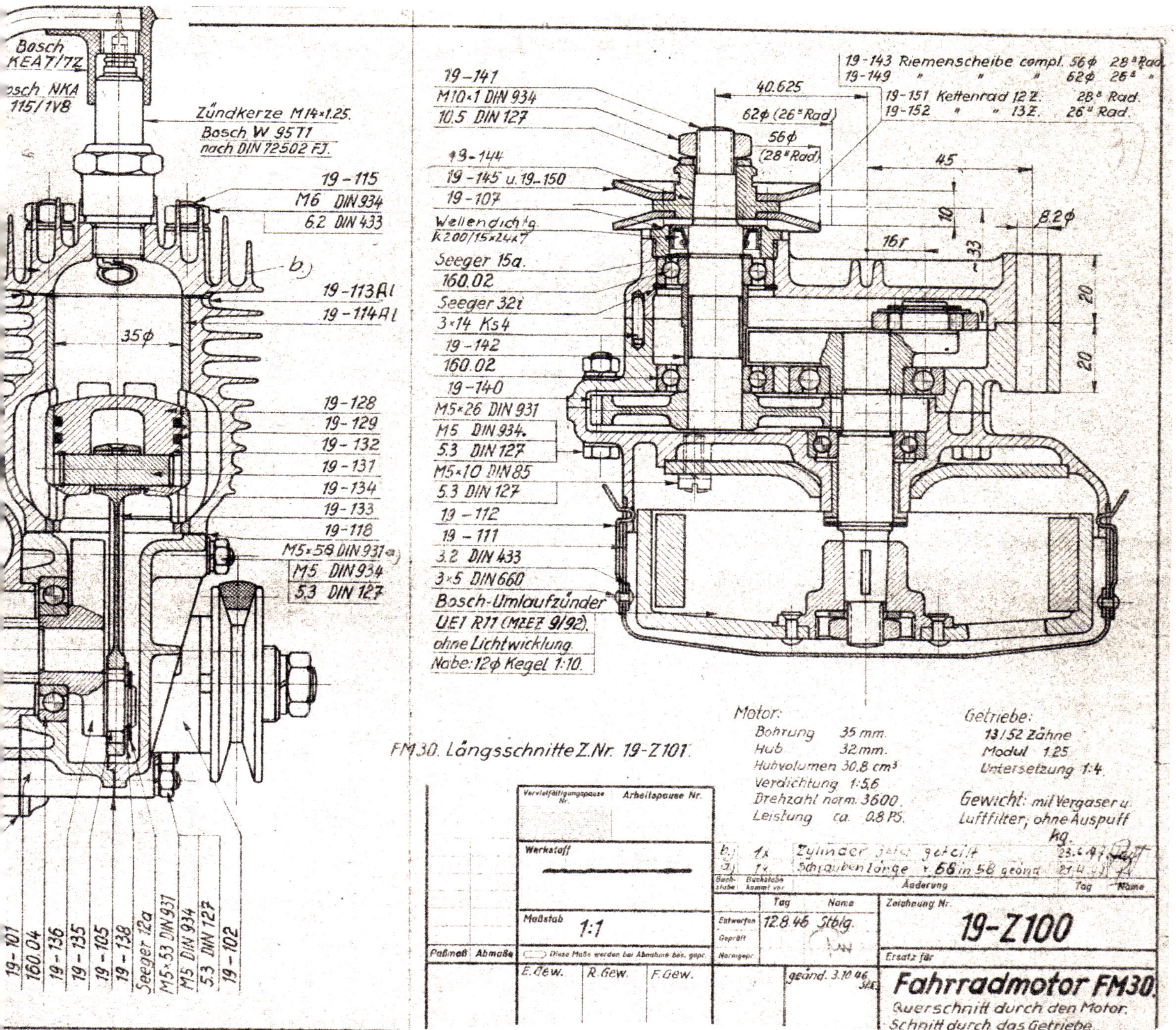

Ortswechsel

Zum Jahreswechsel 1945/46 musste Max Seyffer aus nicht mehr zu ermittelnden Gründen die Räumlichkeiten in der Landsberger Straße aufgeben. Kurzfristig wurden seiner „Seyffer Fertigungsgesellschaft mbH" Räume in einer Etage des „IWIS"-Hauses, Sitz des bekannten Kettenherstellers in München, zur Verfügung gestellt. Dieses Unternehmen war 1916 von Johann Baptist Winklhofer, der auch die Wanderer-Werke gegründet hatte, ins Leben gerufen worden. Zunächst wurden dort Zünder für Bomben und Sprengsätze gebaut, später spezialisierte man sich auf alle Arten von Antriebsketten für Zweiräder und Automobile. Nach Eintritt von Winklhofers Söhnen firmierte man als „Johann Winklhofer & Söhne", woraus der Firmenname „IWIS" hervorging. Nach dem Zweiten Weltkrieg konnte im Juli 1945 die Produktion wieder aufgenommen werden.

Heutige Ansicht des „IWIS"-Hauses, Produktionsstätte des gleichnamigen Kettenherstellers. Hier arbeitete Max Seyffer mit seiner kleinen Mannschaft ab Anfang 1946 in einer Etage am neuen Fahrradmotor.

Noch heute ist das Münchner Unternehmen an diesem Standort erfolgreich aktiv.

Seyffer fand hier wesentlich bessere Voraussetzungen für seine Zahlenschloss-Produktion und Motorenentwicklung vor, doch genügten auch diese Räumlichkeiten nicht lange den Anforderungen des jungen Unternehmens.

Am 12. Januar 1946 schickte Seyffer Fritz Gockerell, Rudolf Schleicher, Emil Stiebling und Ingenieur Erdmann einen Vertragsentwurf, in dem es heißt:
„Eine Entschädigung für diese geleistete Gemeinschaftsarbeit, erfolgt in der Weise, dass bei der geplanten Serien-Herstellung des Fahrrad-Hilfsmotors, unabhängig von dem dann endgültig ausgeführten Baumuster, Sie und vorgenannte Herren mit mindestens 1% aus dem erzielten Umsatz beteiligt sind."

Gleichzeitig übernahm Max Seyffers Firma von Gockerell für 3.000 Reichsmark einen fertigen 40 ccm-Motor inklusive eines kompletten Zeichnungssatzes.

Am 13. Januar trafen sich Seyffer, Gockerell, Erdmann und Victora. Ingenieur Erdmann hatte nach Mustern von Styriette und Saxonette einen Vergaser konstruiert und verhandelte mit Bosch wegen eines Schwungradmagneten.

Am 18. Januar kam man erneut in Seyffers Büro zusammen, um den Stand der Entwicklung zu besprechen. Gockerells angekündigter Versuchsmotor war jedoch immer noch nicht fertig. Auf Basis der Radfix-Zeichnungen von Ingenieur Erdmann sollte Emil Stiebling weiterarbeiten; der Antrieb mit Nebenwelle und Stirnrädern sollte auf der Motorseite zu liegen kommen. Bosch hatte sich inzwischen bereit erklärt, Magnete zu liefern. Herr Victora hatte Reibrollenversuche mit einem Radfix-Versuchsmotor unternommen, die recht positiv verlaufen waren.

Auch drei Wochen später hatte Gockerell keinen Motor fertig. Max Seyffer schrieb an seinen Freund Emil Stiebling, dass Erdmann seinen weiterentwickelten Entwurf des Radfix-Motors geprüft habe. Dieser stellte eine wesentliche Verbesserung dar, doch in einigen Punkten schlug Erdmann noch Änderungen vor. Im Wesentlichen ging es dabei um Ausführungen der Kurbelwelle und des immer noch favorisierten Reibrollenantriebs.

Wenig später lieferte Gockerell wohl endlich einen Motor, denn Stiebling ging in einem Schreiben an Max Seyffer darauf ein und schickte Zeichnungen über den Einbau von Ketten- oder Riemenantrieb.

In den folgenden Monaten scheint man sich anhand zweier Varianten des Versuchsmotors – eine von Erdmann/ Stiebling, eine von Gockerell – auf eine Konstruktion geeinigt zu haben, denn schon im August 1946 lagen vollständige Konstruktionszeichnungen für einen Motor mit der Bezeichnung „FM 30" vor, der Name „Radfix" taucht zunächst in der Korrespondenz nicht mehr auf.

Fritz Gockerell war eng in die Teilebeschaffung eingebunden und wurde u. a. beauftragt, neue Zylinder-Gussteile bei der Firma NÜRAL in Nürnberg zu ordern, denn der Vergaserflansch wurde nun von der linken auf die rechte Seite verlegt. Bei der „Seyffer Fertigungsgesellschaft mbH" sollten nochmals fünf Versuchsmotore gebaut werden. Fest stand mittlerweile der Antrieb mittels Keilriemen. Das Motorgehäuse war geteilt, Zylinder und Kopf bestanden allerdings aus einem Gussteil und waren nicht getrennt. Flachkolben wurden von NÜRAL und Mahle geliefert.

Schwierigkeiten bereitete vor allem die Herstellung der Motorgehäuse und Zylinder. Aus Kostengründen und weil zunächst nur Einzelexemplare für Versuchszwecke gebraucht wurden, entschloss man sich zum preiswerten, aber langwierigen Sandguss. Dabei werden von einem spezialisierten Modellschreiner Modelle der einzelnen Bauteile nach den technischen Zeichnungen im Maßstab 1:1 aus Hartholz gefertigt und lackiert. Dann wird die eine Hälfte des Holzmodells des zu gießenden Bauteils in einer Hälfte des Formkastens in Ölsand gebettet, der sich fest darumlegt. Diese erste Hälfte wird bündig abgezogen und mit Talkum bedeckt, um später eine Trennfuge zu erhalten. Im Anschluss daran wird die zweite Hälfte des Holzmodells daraufgelegt und mit Sand verdichtet. Die zweite Hälfte wird dann entfernt und das Holzmodell entnommen. Danach wird der Formkasten geschlossen und in die Gießöffnung wird eine ca. 760 Grad heiße Alu-Silizium-Legierung eingefüllt. Durch eine Entlüftungsöffnung kann die verdrängte Luft entweichen. Wenn das Metall erkaltet ist, werden die Gussteile entnommen, gereinigt, entgratet und feinbearbeitet. Vorteile dieses Verfahrens sind eine kostengünstige Fertigung und leichte Änderungsmöglichkeiten. Von Nachteil ist der aufwendige Fertigungsprozess, der für hohe Stückzahlen nicht geeignet ist.

In unserem Fall wurden die Gussteile anfangs von der Firma WUTON in Aubing bei München und für Prototypen – auf Vermittlung von Gockerell – vielleicht auch in der Gießerei von BMW gefertigt. WUTON war eine Firmengründung des Ingenieurs Herbert-August-Heinrich Schüler in Wurzen/Sachsen, die seit 1938 für ihre hochwertigen Mikrofone, Aufnahmegeräte und Plattenspieler bekannt war. Sie unterhielt eine Dependance in der Münchner Lipowskystraße sowie einen Fertigungsbetrieb in Aubing im Münchner Westen und war in der Lage, in einfacher Gusstechnik Gehäuse und Zylinder in kleineren Mengen herzustellen. Rund 2.000 Motore entstanden bis ca. Mitte 1948 auf diese Weise, dann ging man zum Druckguss-Verfahren über.

Beim Druckguss-Verfahren bestehen die Formen aus Stahl und können bis zu 300.000-mal verwendet werden. Das flüssige Metall wird in diesen Formen mit einem Druck von 600 bis 800 bar hydraulisch verpresst. Ein Nachteil sind hier lediglich die hohen Erstanschaffungskosten der notwendigen Vorrichtungen und Formen. Von Vorteil sind der geringere Materialbedarf, die höhere Genauigkeit, die geringere Notwendigkeit von Nachbearbeitungen, die wesentlich schnellere Fertigung und das attraktivere, glattere Erscheinungsbild der Gussteile. Für dieses Verfahren wählte man vor allem NÜRAL in Nürnberg.

Das kleine Unternehmen wächst

Nach mühsamen, aber durchaus erfolgversprechend verlaufenden weiteren Versuchen in den folgenden Wochen stellte Max Seyffer Ende 1946 bei der Landesplanungsbehörde des Staatsministeriums für Wirtschaft in der Münchner Prinzregentenstraße 28 einen Antrag zur Industrieplanung (heute Businessplan). Inhaber und Gesellschafter waren die „Seyffer Fertigungsgesellschaft mbH" und Dr. August Stiebling, der Bruder von Emil Stiebling, geboren am 26. Oktober 1903 in München, wohnhaft in Stuttgart-Zuffenhausen. Name der neuen Firma: „S-Motoren GmbH München". Die „Seyffer Fertigungsgesellschaft mbH" blieb aber bestehen.

Aus zeitgenössischen Presseberichten geht hervor, dass im Jahr 1946 ca. 30 Versuchsmotoren entstanden sind, die rund 10.000 km getestet und zur Serienreife entwickelt wurden. Führt man sich die von Zerstörung, Mangel, Armut und Restriktionen geprägte frühe Nachkriegszeit vor Augen, so ist dies umso erstaunlicher.

Dieser Vorstoß hatte zur Folge, dass ab etwa Anfang 1947 alle Aktivitäten zur Entwicklung und Produktion eines Fahrrad-Hilfsmotors innerhalb der Firma „S-Motoren GmbH München" stattfanden. Schon bald kam es zu zwei wichtigen Begegnungen, die das Schicksal des künftigen Unternehmens prägen sollten.

Anfang 1947 traf Max Seyffer durch Zufall in München seinen alten Freund Karl Kolb, den er im Krieg aus den Augen verloren hatte. In den 1920er Jahren war Kolb Abteilungsleiter in Fritz Gockerells Megola-Werk gewesen, das Seyffer öfter besucht hatte. Kolb und Seyffer teilten die Liebe zu Motoren aller Art und schnell entwickelte sich eine Freundschaft mit gemeinsamen motorsportlichen Aktivitäten. Bis 1933 hatte Kolb dann die kaufmännische Leitung des „Bayerischen Luftvereins" inne und 1934 wurde er mit 40 Jahren Geschäftsführer des „Hauses der Deutschen Kunst" (heute „Haus der Kunst") in München. Im Januar 1937 wurde er dessen Direktor und Ausstellungsleiter und stand im Zuge der Organisation und Bestückung der großen NS-Kunstausstellungen in engem Kontakt zu

Bayer. Staatsministerium f. Wirtschaft
-Landesplanungsbehörde-

München,
Prinzregentenstr. 28.

Industrieplanung

Firma S- Motoren G.m.b.H. München
Sitz München 25, Forstenriederstr. 53. Tel. 73844.

Gesellschaftsform: G.m.b.H.
Inhaber bzw. persönlich haftende Gesellschafter, bisheriger Wohnsitz, bisherige Tätigkeit:
Seyffer-Fertigungsgesellschaft m.b.H. München 25, Mechan. Fertigung.
Dr. August Stiebling, Stuttgart Zuffenhausen Markgröningerstr. 50, Dr.-Ing. Motoren entwicklung
Geschäftskapital: Rm. 100 000,-
Vorhaben: Fertigung von Fahrrad-Hilfsmotoren u. Kleinmotoren eigener Entwicklung.
Anlass: Entwicklung von Kleinmotoren

Produktionsprogramm nach Art und Umfang:
Fahrrad-Hilfsmotoren 12 000 Stück/Jahr.

Vorgesehener Standort: München (vgl. Antrag bei Bayr. Wirtschaftsmin. Abtg. Industrieplang.)
Standortbedingungen:
Benötigte Fläche ca 4000 m²
Flach- oder Hochbauten wie vorhanden.
Tragfähigkeit der Decken 1000 Kg/m²
Frischwasser ja
Abwasser ja
Wasserkraftanlage nein
Dampfkraftanlage nein
Energieanschluss ja
Gasversorgung ja
Gleisanschluss nein
Kranbahn nein
Sonstige Bedingungen Industriegebäude.

Blatt 2

Roh- und Hilfsstoffbedarf:

Art	Menge / Jahr		Vorgeseh. Bezugsort
Walzwerkserzeugnisse	24 to	2 kg/Motor	Verschiedene Firmen der US und brit. Zone, durch Verträge gesichert
Schmiedestücke	14,4 to	1,2 " "	
Grauguss	3,6 to	0,3 kg "	
Aluminium-Legierung	24 to	2 kg/Motor	
Bronze	180 kg	0,015 kg/M	
Reinigungs-, Schmiermittel, Lacke, Verpackungsmaterial			

Zahl der Beschäftigten:

	männl.	weibl.	zusamm.
Zur Zeit:	–	–	–
Bei Anlaufen:	70	30	100
Vollbeschäft.	ca 100	ca 50	150–200

Lohnniveau:

Energiebedarf:
Kohle: 10 to
Strom: 300 kWh.
Gas: 10 000 cbm.

Maschinen-Ausrüstung:
Vorhanden: nein.
Noch zu beschaffen, woher? Beantragt bei Bayr. Wirtschaftsmin. Abtg. Industrieplanung.

Ist Firma Exportbetrieb gewesen od. soll in Zukunft exportiert werden? Wohin?
Export in Zukunft geplant

Vorstehende Angaben erfolgen durch: Geschäftsführer der S-Motoren-gesellschaft Herr August Seyffer

Prüfungsvermerke der Landesplanungsbehörde:
Mit Abt. LAW.St.
LWA Landesstelle
Ind.u.Haka.
Staatsmin.f.Ern.u.Landw. Staatsmin.d.I.
L.A.A. Sonst.Dienststellen
Reg.Präs.-Bezipla-

1946/47 entstand der „Businessplan" für die S-Motoren GmbH von Max Seyffer für das Staatsministerium für Wirtschaft in München.

Adolf Hitler und der NS-Führung. Im Juni 1945 wurde Karl Kolb auf Weisung der US-Militärregierung seines Dienstes enthoben und vom Spruchkammergericht als „Mitläufer" eingestuft. Infolgedessen musste er sich nach einer neuen Beschäftigung umsehen.

Als Kolb Seyffer in München wiederbegegnete, stand er gerade in Verhandlungen zur Übernahme der Generalvertretung der Mobilöl-Gesellschaft für Bayern. Doch Seyffer zeigte ihm voller Begeisterung einen der ersten Radfix-Serienmotoren am Fahrrad und überredete ihn, als Verkaufs- und kaufmännischer Leiter bei ihm einzusteigen. Kolb willigte schließlich ein, doch wurde ihm schnell klar, dass dem Unternehmen von Max Seyffer die Investitionsmittel für das Vorhaben einer Großserienfertigung fehlten. Mithilfe eines Freundes, des Münchner Rechtsanwalts Dr. Rudolf Karpf, machte Karl Kolb die Bekanntschaft der beiden Berliner Großkaufleute Kurt und Erich Bagusat, erfolgreichen und kapitalstarken Unternehmern auf der Suche nach neuen, vielversprechenden Investitionen.

Die Familie Bagusat stammte ursprünglich aus Ostpreußen und hatte es zu Beginn des 20. Jahrhunderts mit Schlachtbetrieben und einer Großmetzgerei in Berlin zu großem Wohlstand gebracht. Ende der 1930er Jahre hatte Kurt Bagusat, geboren 1908, nach dem Anschluss Österreichs zu sehr günstigen Bedingungen die Wollwarenfabrik der jüdischen Familie Altmann erworben. Sein Bruder Erich, Jahrgang 1905, besaß im brandenburgischen Zehdenick zur gleichen Zeit Ziegeleien und eine Kleiderfabrik.

Nach 1945 zog Erich nach München und Kurt übersiedelte mit Waren und Maschinen der Wollwarenfabrik in den kleinen Ort Schammendorf, zwischen Bayreuth und Coburg in Oberfranken gelegen, wo die Familie ein stattliches Anwesen besaß. Erste erfolgreiche Damenkleiderkollektionen wurden entwickelt und 1946 auf der ersten Export-Modenschau in München präsentiert.

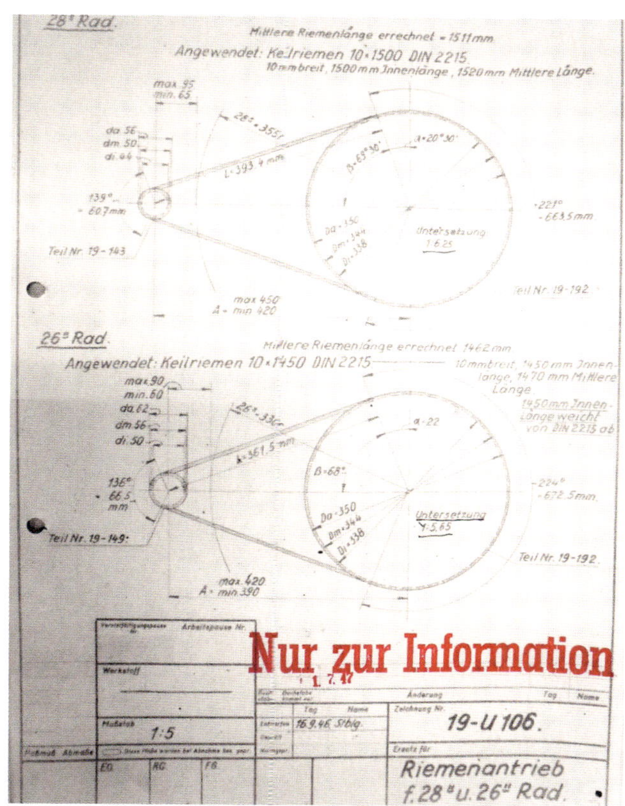

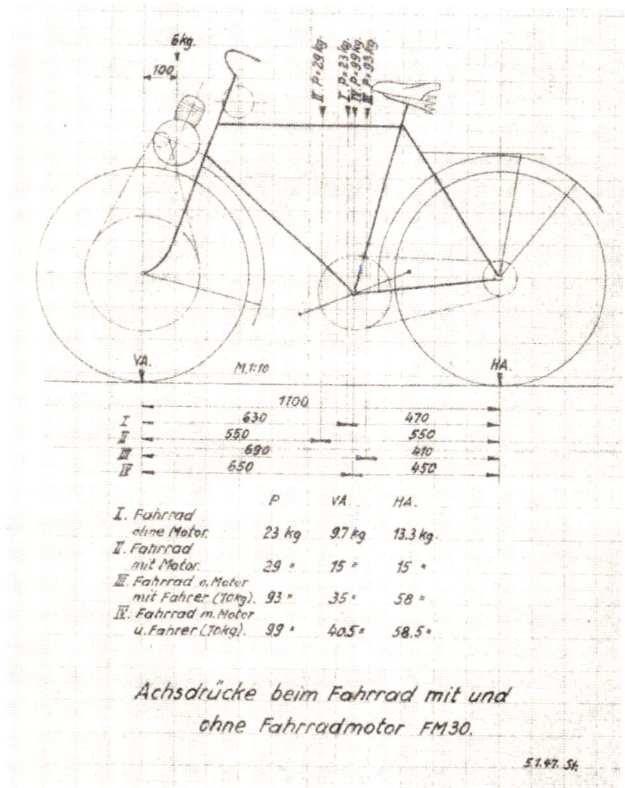

Oben links: Maßzeichnung für Riemenantriebe für verschiedene Vorderräder.

Oben rechts: Berechnung der Fahrrad-Achsdrücke mit und ohne Frontmotor.

Unten von links nach rechts: Karl Kolb stellte den Kontakt zwischen Max Seyffer und den Brüdern Bagusat her.

Kurt Bagusat war ab 1948 Investor und treibende Kraft des jungen Unternehmens.

Erich Bagusat fungierte eher als stiller Teilhaber.

Die Brüder hatten offensichtlich einen Großteil ihres Vermögens über den Krieg retten können und waren weiteren Investitionen gegenüber durchaus aufgeschlossen. Anfang 1947 zog der geschäftstüchtige Kurt Bagusat mit seiner Kleiderproduktion in das bekannte „Midgard-Haus" in Tutzing am Starnberger See, eine herrschaftliche Villa, erbaut 1853, die einst illustre Gäste wie Kaiserin Elisabeth von Österreich und König Ludwig II. von Bayern beher-

Erster öffentlicher Auftritt der S-Motoren GmbH auf der Leipziger Frühjahrsmesse Anfang 1947.

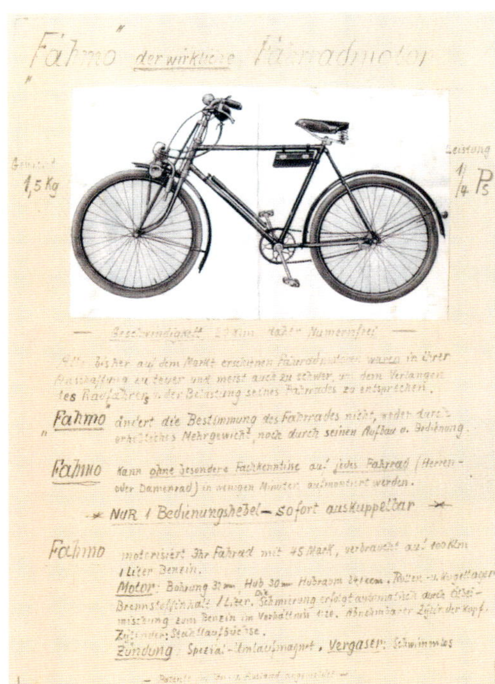

Prospektentwurf von Fritz Gockerell für den FAHMO-Hilfsmotor.

bergt hatte, aber nach dem Zweiten Weltkrieg leer stand, langsam verfiel und deshalb günstig zu nutzen war. Heute, aufwendig restauriert, beherbergt das Haus ein feines Restaurant mit Biergarten direkt am herrlichen See.

Mit der Absicht, als erfolgreicher Unternehmer am gesellschaftlichen Leben dieser schönen Region teilzunehmen, trat Kurt Bagusat dem schon damals exklusiven Reitsportclub Possenhofen bei und wurde bald dessen 1. Präsident.

Die Brüder Bagusat verfügten zwar über keinerlei Erfahrungen im Bau oder Vertrieb von Kraftfahrzeugen oder Motoren, doch Seyffers Demonstration des neuen Fahrrad-Hilfsmotors war offensichtlich so überzeugend, dass Kurt und Erich Bagusat beschlossen, als Investoren in diese Unternehmung einzusteigen. Zu den genauen Modalitäten ihres anfänglichen Engagements sind leider keinerlei Dokumente überliefert, wahrscheinlich traten sie zunächst als stille Gesellschafter in das junge Unternehmen ein, von da an ging es jedoch merklich voran.

Im März 1947 trat die „S-Motoren GmbH München“ erstmals öffentlich in Erscheinung. An einem kleinen Stand auf der Leipziger Frühjahrsmesse präsentierte Seyffer stolz ein Fahrrad mit Hilfsmotor über dem Vorderrad wie auch sein bewährtes S-Schloss. Erstaunlicherweise handelte es sich bei diesem Motor aber nicht um den bereits erprobten FM 30, sondern augenscheinlich um eine Gockerell-Konstruktion mit Riemenantrieb auf der linken Seite des Vorderrads. Der Motor wurde mit der Bezeichnung „FAHMO“ beworben, ähnlich einer älteren Konstruktion von Fritz Gockerell mit 25 ccm unter dem Namen „FAHIMO“.

Dies bleibt umso rätselhafter, weil Seyffers Sohn Dieter bereits drei Monate später erste längere Reisen mit einem zuverlässigen Radfix-Motor unternahm. Vielleicht hatte es Unstimmigkeiten bei der offiziellen Namensgebung des Motors oder kurz vor der Veranstaltung technische Probleme mit den ersten FM 30-Motoren gegeben, sodass man auf diese Notlösung zurückgreifen musste.

Zum Glück hat Max Seyffers Sohn Dieter, damals 17 Jahre alt, ab dem Sommer 1947 akribisch Tagebuch über seine Ausfahrten mit motorisierten Zweirädern geführt und diese Aufzeichnungen mit Fotos garniert, die mit großer Sicherheit die ältesten noch existierenden Bilder des Radfix-Motors, des direkten Vorläufers der Rex-Motoren, darstellen.

Der Serienstart

Am 21. Juli 1947 fuhr der junge Dieter Seyffer mit seinem Diamant-Fahrrad, bestückt mit einem der ersten Radfix-Serien-Hilfsmotoren, von München nach Reichenhall. Dort traf er sich mit seinen Eltern, die den Zug genommen hatten, blieb eine Woche und fuhr dann wieder nach München zurück. Es war sehr heiß, Dieter war ohne Hemd unterwegs – teilweise auf der Autobahn München – Salzburg –, aber der Motor hielt klaglos durch. Zwei Wochen später ging es an einem Tag von München nach Garmisch-Partenkirchen und zurück, natürlich wieder mit dem Radfix. Das waren immerhin 230 km, aber der Himmel war bedeckt und Dieter Seyffer musste nicht gegen die Hitze ankämpfen. Nach 14 ½ Stunden kam er „ziemlich müde" wieder in München an – der kleine Motor lief erneut problemlos.

Ein offizieller Verkauf des FM 30-Motors fand zu diesem Zeitpunkt, wenn überhaupt, nur in sehr kleinem Rahmen statt, denn es gab noch keine offizielle Typengenehmigung durch die Verkehrsbehörde. Am 28. Juli 1947 hatte Max Seyffer zudem einen Antrag auf Zulassungsfreiheit für Fahrräder mit Hilfsmotor an die Bayerische Staatskanzlei gestellt, dem aber erst viel später, am 29. April 1948 (!), stattgegeben wurde. Schließlich erteilte die „Techni-

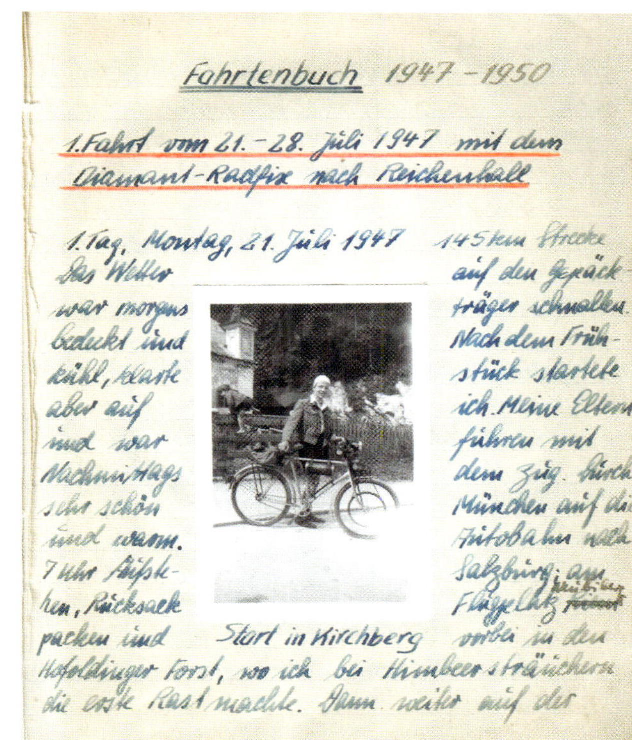

Fahrtenbuch 1947 – 1950

1. Fahrt vom 21.–28. Juli 1947 mit dem Diamant-Radfix nach Reichenhall

1. Tag, Montag, 21. Juli 1947 145 km Strecke
Das Wetter war morgens bedeckt und kühl, klarte aber auf und war Nachmittags sehr schön und warm. 7 Uhr Frühstücken, Rucksack packen und auf den Gepäckträger schnallen. Nach dem Frühstück startete ich. Meine Eltern fuhren mit dem Zug. Durch München auf die Autobahn nach Salzburg; am Flugplatz Neubiberg vorbei in den Hofoldinger Forst, wo ich bei Himbeersträuchern die erste Rast machte. Dann weiter auf der

Start in Kirchberg

Auszüge aus dem Fahrtenbuch von Max Seyffers Sohn Dieter vom Sommer 1947. Der kleine Radfix-Motor erwies sich auf Hunderten Kilometern bei hohen Temperaturen als erstaunlich zuverlässig.

8. Tag, Montag, 28. Juli 1947 145 km Str.
Morgens Start. Auf dem gleichen Weg nach Bad im Chiemsee und Kaffee bei Tauchers bei schönem und sehr heissem Wetter – teil-

Vater u. Sohn mit dem Radfix in Kirchberg vor dem Elektrizitätswerk

weise fuhr ich ohne Hemd – ohne Zwischenfall wieder heim nach München.

2. Fahrt am 7. August 1947 mit dem Diamant-Radfix nach Garmisch.

Donnerstag, 7. August 1947. 230 km Strecke.
Wetter kühl, meistens bedeckt. Start um ½ 9 Uhr über Forstenried, Solln, Icking, Wolfratshausen, Bichl, Benediktbeuern, Kochel zum Walchenseewerk. Dann den Kesselberg hinauf mit etwas mittreten zum Walchensee. Auf schöner Strasse am Walchensee entlang nach Mittenwald und zur Grenze. Dann am Wetterstein entlang nach Garmisch; leider war die Zugspitze zu. Von Garmisch über Weilheim, Starnberg wieder heim. Um 23 Uhr kam ich ziemlich müde nach München heim, denn 230 km in 14½ Std. ist schon ein Streckenrekord, der mit dem Fahrradhilfsmotor so schnell nicht unterboten werden dürfte.

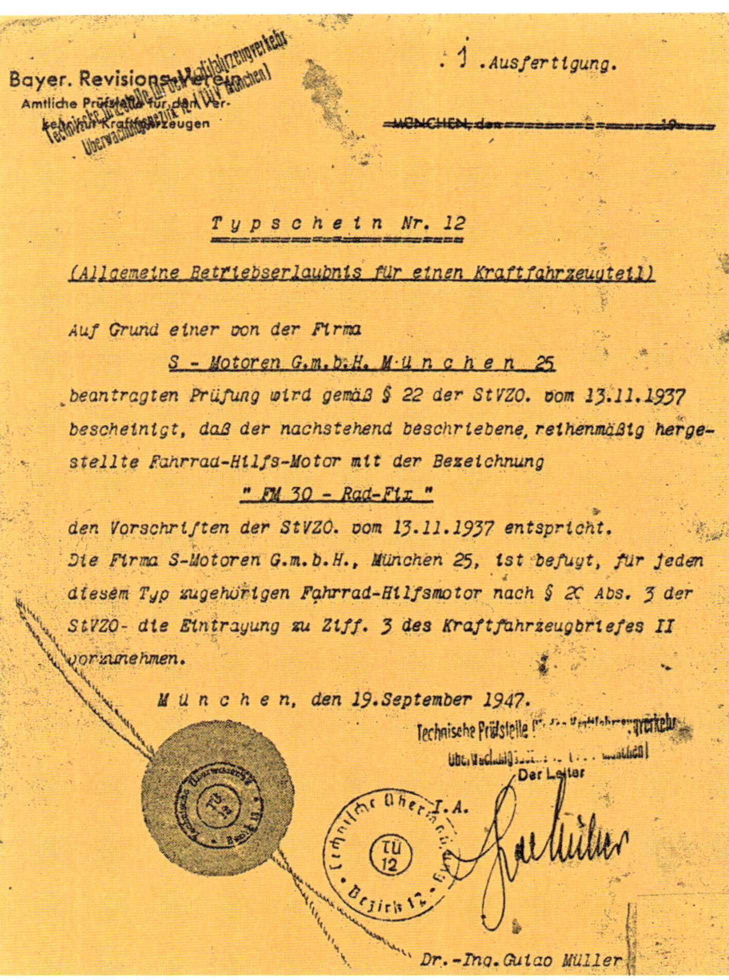

Bayer. Revisions-Verein
Amtliche Prüfstelle für den Verkehr mit Kraftfahrzeugen

1. Ausfertigung.

~~MÜNCHEN, den ....19....~~

Typschein Nr. 12

(Allgemeine Betriebserlaubnis für einen Kraftfahrzeugteil)

Auf Grund einer von der Firma

S - Motoren G.m.b.H. München 25

beantragten Prüfung wird gemäß § 22 der StVZO. vom 13.11.1937 bescheinigt, daß der nachstehend beschriebene, reihenmäßig hergestellte Fahrrad-Hilfs-Motor mit der Bezeichnung

" FM 30 - Rad-Fix "

den Vorschriften der StVZO. vom 13.11.1937 entspricht.
Die Firma S-Motoren G.m.b.H., München 25, ist befugt, für jeden diesem Typ zugehörigen Fahrrad-Hilfsmotor nach § 20 Abs. 3 der StVZO- die Eintragung zu Ziff. 3 des Kraftfahrzeugbriefes II vorzunehmen.

München, den 19.September 1947.

Technische Prüfstelle für den Kraftfahrzeugverkehr

Der Leiter

I.A.

Dr.-Ing. Guido Müller

Links: Typschein Nr. 12 für den Radfix-Motor FM 30 vom 19. September 1947. Jetzt war der Motor offiziell für den Verkehr zugelassen – eine bescheidene Fertigung setzte ein.

Links unten: Das erste Werbeblatt für den FM 30-Motor, Mitte 1947.

fahrungen seiner Konstrukteure und somit exakt auf die Bedürfnisse der Zeit eingestellt. Er arbeitet ohne Kupplung und Wechselgetriebe bei einer Gesamtübersetzung von etwa 1:25. Der Zylinder mit nun abnehmbarem Zylinderkopf ist aus Leichtmetall mit eingezogener Perlitgussbüchse von 32mm-Bohrung, was bei einem Hub von 35 mm einen Hubraum von 31 ccm ergibt, die Verdichtung beträgt niedrige 5,6:1. Die winzigen Flachkolben mit zwei Kolbenringen wurden von NÜRAL oder Mahle zugeliefert. Die Zylinderfüllung erfolgt mit Dreikanal-Umkehrspülung. Das obere Pleuellager hat eine Bronzebuchse, das untere läuft auf Rollen. Die Kurbelwelle ist fließend auf eng beieinanderliegenden Kugellagern gelagert, der Wellenstumpf trägt einen Bosch-Umlaufmagneten. Zwischen den Lagern liegt das Ritzel, in das das Zahnrad der ebenfalls in zwei Kugellagern laufenden Antriebswelle greift. Ein recht einfacher Bing-Nadelvergaser versorgt den Motor mit Gemisch 1:25. Als einziger „Luxus" dient ein Dekompressionsventil, um das Antreten des Motors zu erleichtern.

Bei einer Leistung von ca. 0,7 PS schafft ein gut eingefahrener FM 30 bis zu 25 km/h und verbraucht durchschnittlich 1,2 Liter Gemisch auf 100 km. Die hieraus entstehenden Kosten waren in den Nachkriegsjahren für immer größere Teile der Bevölkerung tragbar.

Schnell erwies sich diese Konstruktion als ebenso robust wie zuverlässig und bildete die technische Basis aller weiteren Hilfsmotoren des Unternehmens. In wenigen Jahren wurden sechsstellige Stückzahlen erreicht.

Fahrrad-Hilfsmotor FM 30
S-MOTOREN G.M.B.H. MÜNCHEN 25

Ein neuer Standort

Mit finanzieller Unterstützung der Brüder Bagusat wagte man nun einen mutigen Schritt, denn um genügend Motoren bauen zu können, hatte Max Seyffer den Motorenbau teilweise in Fritz Gockerells Betrieb in der Maria-Einsiedel-Straße verlegen müssen. Das sollte aber nur eine kurze Zwischenlösung sein. Man hielt nach einer kleinen, leerstehenden Fabrik Ausschau und wurde Ende 1947 fündig.

Auf einem ehemaligen, größeren Gewerbegebiet in München Solln, in der Zielstattstraße 19, befand sich ein größerer Backsteinbau mit flachen Nebengebäuden. Dort hatte die unter Zigarrenrauchern bekannte Firma Villiger in den 1920er und 30er Jahren alle Arten von Zigarren hergestellt. Dann kam der Krieg und in der Nacht vom 6. auf den 7. Januar 1943 wurde das Gebäude von einer US-amerikanische Brandbombe getroffen und teilweise zerstört. Nach Kriegsende stellte Villiger das Gebäude mit geringen Mitteln wieder so weit her, dass es gewerblich genutzt werden konnte, wenn auch nicht für die Herstellung von Rauchwaren. Im November 1946 zog eine Obsterei ein, doch schon ein knappes Jahr später stand das Haus wieder leer. Max Seyffer – gestärkt durch das Engagement der Bagusat-Brüder – griff zu. Maschinen, Mitarbeiterinnen und Mitarbeiter wurden im Spätherbst 1947 in die Zielstattstraße 19 transferiert. Endlich hatte man mehr Platz, aber noch mangelte es an Produktionsmitteln und Maschinen.

Kurt und Erich Bagusat sorgten nun für Abhilfe, schafften einen modernen Maschinenpark an und ermöglichten so eine deutliche Steigerung der Produktion. Zusätzlich wurde jetzt auch an diesem Standort für kurze Zeit und in geringem Umfang Damenbekleidung gefertigt.

Mittlerweile hatte Seyffers Konstrukteurs-Team um die Herren Stiebling und Gockerell Verstärkung bekommen. Auf Empfehlung von Rudolf Schleicher war im Frühjahr 1947 dessen langjähriger Freund Diplom-Ingeni-

Oben: Heutige Ansicht des ehemaligen Villiger-Hauses in der Zielstattstraße 19.

Mitte links: Dipl. Ing. Gustav Steinlein entwickelte den Radfix/Rex-Motor weiter zur Serienreife.

Mitte rechts: Die Montage der Hilfsmotoren lag überwiegend in Frauenhand.

Unten: Werbung für die bekannten Zigarren „Villiger-Stumpen“ am Gebäude in der Zielstattstraße.

S-MOTOREN G.M.B.H. **MÜNCHEN 25**

Neue Anschrift:
MÜNCHEN 25
Zielstattstrasse 13
Telefon 72313

Herrn
Dipl. Ingenieur Gustav S t e i n l e i n
M a i n b e r g b. Schweinfurt

Ihre Zeichen: | Ihre Nachricht vom: | Unser Zeichen: Hg/St. | Absendetag: 5. Dezember 1947

BETREFF:

Lieber Herr Steinlein!

Zur Vollendung des ersten halben Jahrhunderts und beim Start in die zweite Hälfte gedenken Ihrer Leitung und Gefolgschaft der S-MOTOREN GMBH mit den herzlichsten Glückwünschen und den besten Wünschen für die Zukunft. Wir verbinden damit unseren aufrichtigen Dank für Ihre bisherige Mitarbeit in dem Bewusstsein, dass Sie mit der grossen Erfahrung, die Sie in den zurückliegenden Jahrzehnten erworben haben, uns eine ganz besondere Stütze und Hilfe sind bei den Bemühungen, den Fahrradhilfsmotor zu einem wirklich brauchbaren Gerät zu gestalten, dass den Anforderungen des Publikums und den Erwartungen seiner Konstrukteure und der Firma entspricht. Wir danken Ihnen dabei für die allzeit hilfsbereite, offene und kameradschaftliche Art der Zusammenarbeit, die die Angehörigen der S-MOTOREN GMBH bereits in verhältnismässig kurzer Zeit über die sachliche Zusammenarbeit hinaus persönlich mit Ihnen verbunden hat. Wir haben die Hoffnung, dass Sie auch die zukünftige Entwicklung unserer Firma betreuen werden und dass, wenn möglich, noch eine engere Verbindung mit Ihnen möglich sein wird.

Als äusseren Ausdruck unseres Gedenkens, unseres Dankes und unserer Wünsche, dürfen wir Ihnen eines Ihrer auf den Namen "Radfix" hörenden Pflegekinder zunächst symbolisch mit anliegender Fotografie als Geschenk überreichen. Wir schlagen vor, dass Sie sich selbst das best-

b.w.

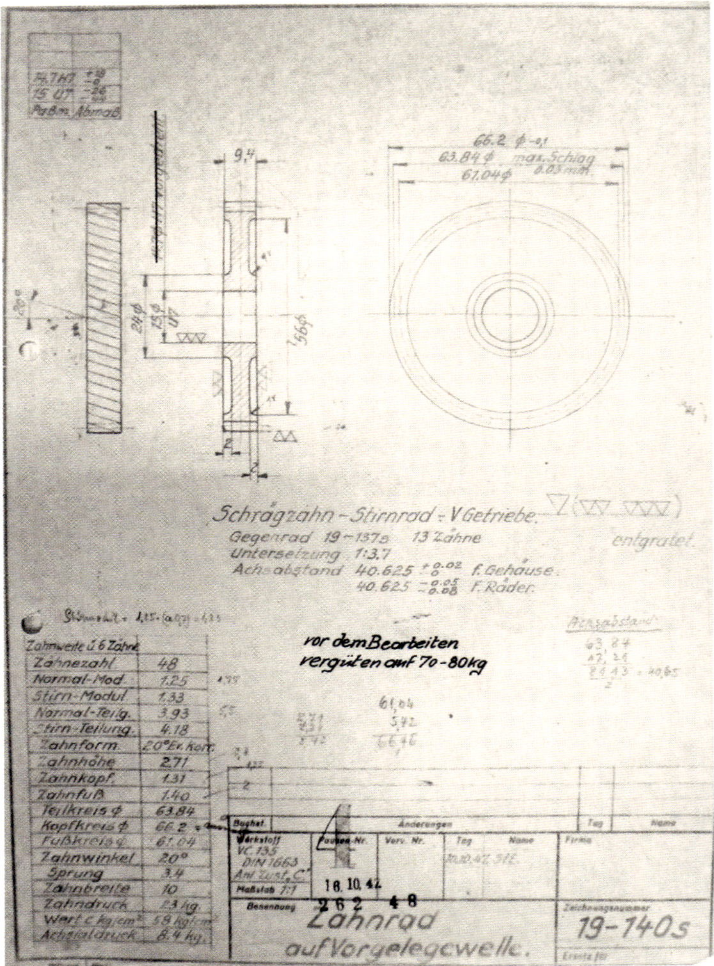

Oben links und unten: Dankschreiben der S-Motoren-Geschäftsleitung an Gustav Steinlein anlässlich seines 50. Geburtstags.

Oben rechts: Zeichnung für ein Stirnrad mit Schrägverzahnung von Gustav Steinlein vom Oktober 1947.

eur Gustav Steinlein als Konstrukteur zu Max Seyffer gekommen. Dieser hatte 1898 in der Zielstattstraße in München Sendling das Licht der Welt erblickt, wo jetzt kurioserweise die ersten Motoren entstanden, hatte mit Schleicher zusammen die Schulbank gedrückt, später Maschinenbau studiert und 1925 dessen Schwester geheiratet.

Steinlein hatte zunächst bei Victoria und ab 1930 bei Sachs gearbeitet und sehr erfolgreich leistungsstarke Zweitaktmotoren für die verschiedensten Zwecke, unter anderem auch Fahrrad-Hilfsmotoren, entwickelt und am Motorrad-Rennsport teilgenommen. Bis zum Kriegsende arbeitete er als Leiter des Motorenbaus bei Sachs und verantwortete zahlreiche sehr erfolgreiche Konstruktionen im Zweitakt-Bereich, unter anderem auch Starteraggregate für Kampfflugzeuge.

Nach Kriegsende geriet er in US-amerikanische Gefangenschaft und verbrachte dort rund ein Jahr. Nach seiner Entlassung 1946 arbeitete er als Hilfsarbeiter im Forstamt Mainburg und nahm wieder Kontakt zu seinem Freund Rudolf Schleicher auf. Dieser nahm ihn wenig später pro forma in seine Werkstatt in Berg am Starnberger See auf. Wenig später stellte Schleicher ihn Max Seyffer vor. Gustav Steinlein wurde sofort von der „S-Motoren GmbH", damals noch im „IWIS"-Haus, „leihweise" übernommen und durfte sich endlich wieder mit Elan seiner Leidenschaft, der Entwicklung eines kleinen Zweitaktmotors, widmen.

Max Seyffer beauftragte ihn, den FM 30-Motor zu überarbeiten und großserientauglich zu machen. Innerhalb von weniger als einem Jahr entwickelte Steinlein den Motor weiter zum Typ FM 31. In einem vierseitigen Bericht vom 29. Juli 1948 hat Steinlein in 16 Punkten diese Weiterentwicklungen dokumentiert. Detailliert werden umfangreiche Änderungen und Maßnahmen unter anderem an Zylinder, Dekompressor, Getriebe, Kurbelwelle, Zahnrädern und Auspuffanlage beschrieben – selbst der Kraftstoffbehälter wurde abgeändert, wobei der Einfüllstutzen in die Mitte verlegt wurde, denn durch die bisherige Anordnung am linken Rand konnte ja Lecköl auf das Hosenbein des Fahrers tropfen.

Gustav Steinlein war in der „S-Motoren GmbH" nicht nur als Konstrukteur erfolgreich, sondern auch äußerst beliebt. Zu seinem 50. Geburtstag am 5. Dezember 1947 bekam er nicht nur einen sehr freundlichen Brief der Geschäftsleitung und ein auf Bairisch verfasstes, humorvolles Gedicht überreicht, sondern symbolhaft auch den ersten Prospekt des um diese Zeit langsam in Serie gehenden FM 30-Hilfsmotors mit den Zeilen:

„Wir schlagen vor, dass Sie sich selbst das bestgelungendste Exemplar aus der nunmehr so mühsam anlaufenden Serienfertigung auswählen. Wir nehmen an, dass von dem Zeitpunkt an, an dem Sie eine Motorenanlage für so reif halten, dass sie Ihren privaten Ansprüchen und Wünschen entspricht, nunmehr Geräte aus der Fertigung kommen, die die Begeisterung des Publikums erwecken werden."

Es dauerte dann allerdings noch bis zur Währungsreform, ehe sich Steinlein sein Geburtstagsgeschenk in Form eines Rex-Motors abholte, wie sich sein Sohn Rudi heute erinnert. Der Motor lief jetzt problemlos und zuverlässig.

Gegen Ende 1948 wurde Gustav Steinlein auf Wunsch von Konsul Willi Sachs wieder in dessen aufstrebendem Unternehmen eingestellt, wo er rasch zum technischen Direktor und schließlich in den Vorstand aufstieg.

Der Durchbruch

Am 7. April 1948 löste Seyffer den Anfang 1946 mit Fritz Gockerell geschlossenen Vertrag auf, der diesem ein Prozent des Motorenumsatzes zugesichert hatte. Gockerell blieb Berater und Teilelieferant sowie Vermittler von Geschäftskontakten, wurde aber nur noch projektbezogen bezahlt. Sein Lohn bestand teilweise aus Produkten der Firma. So erhielt er im Laufe des Jahres 1948 zwei FM 30-Motoren, diverse Anbauteile und später auch einen FM 31-Motor, die erste verbesserte Entwicklungsstufe des Serienmotors. Wesentlichen Anteil an diesem nun auch intensiv beworbenen Motor hatte ja – wie bereits erwähnt – Ingenieur Steinlein, wie aus der umfangreichen technischen Korrespondenz und Niederschrift hervorgeht.

Am 20. Juni 1948 trat in der „Trizone", den drei westlichen Besatzungszonen Deutschlands, die Währungsreform in Kraft. Ab dem 21. Juni 1948 wurde dort die Deutsche Mark (DM) alleiniges gesetzliches Zahlungsmittel. Die beiden bisher gültigen Zahlungsmittel Reichsmark und die (zu ihr fest im Verhältnis 1:1 notierende) Rentenmark (beide abgekürzt als „RM") wurden zwangsumgetauscht und dabei mehr oder weniger im Nennwert herabgesetzt. Die Währungsreform von 1948 gehört zu den bedeutendsten wirtschaftspolitischen Maßnahmen der deutschen Nachkriegsgeschichte.

Zeitgleich mit dieser für die deutsche Wirtschaft entscheidenden Wende erschien in der populären Zeitschrift „Das Auto" ein erster, äußerst positiver Testbericht über den Radfix-Motor. Im Folgenden einige Auszüge daraus:

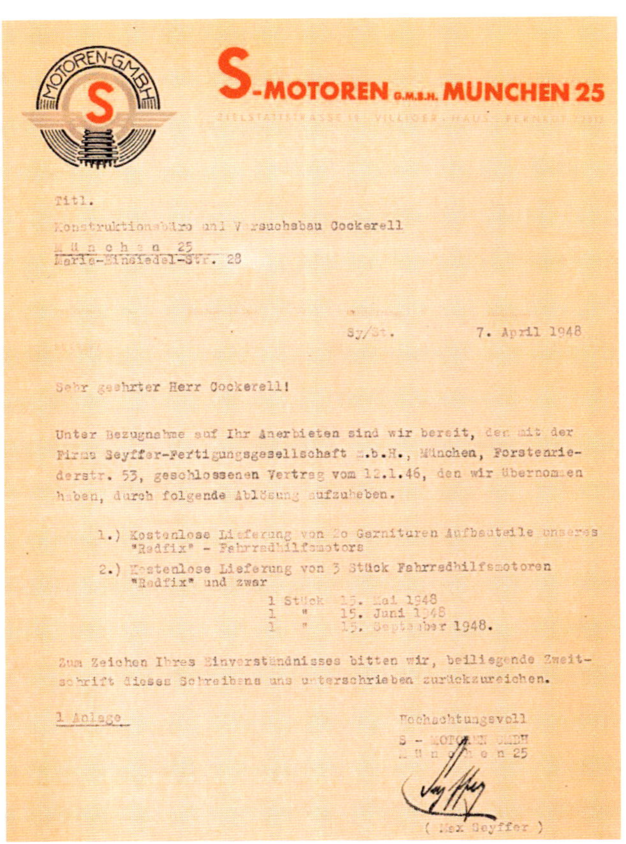

S-MOTOREN G.M.B.H. MÜNCHEN 25

Titl.

Konstruktionsbüro und Versuchsbau Cockerell

M ü n c h e n 25
Maria-Einsiedel-Str. 28

Sy/St. 7. April 1948

Sehr geehrter Herr Cockerell!

Unter Bezugnahme auf Ihr Anerbieten sind wir bereit, den mit der Firma Seyffer-Fertigungsgesellschaft m.b.H., München, Forstenriederstr. 53, geschlossenen Vertrag vom 12.1.46, den wir übernommen haben, durch folgende Ablösung aufzuheben.

1.) Kostenlose Lieferung von 2o Garnituren Aufbauteile unseres "Radfix" - Fahrradhilfsmotors

2.) Kostenlose Lieferung von 3 Stück Fahrradhilfsmotoren "Radfix" und zwar

1 Stück 15. Mai 1948
1 " 15. Juni 1948
1 " 15. September 1948.

Zum Zeichen Ihres Einverständnisses bitten wir, beiliegende Zweitschrift dieses Schreibens uns unterschrieben zurückzureichen.

1 Anlage

Hochachtungsvoll
S - MOTOREN GMBH
M ü n c h e n 25

(Max Seyffer)

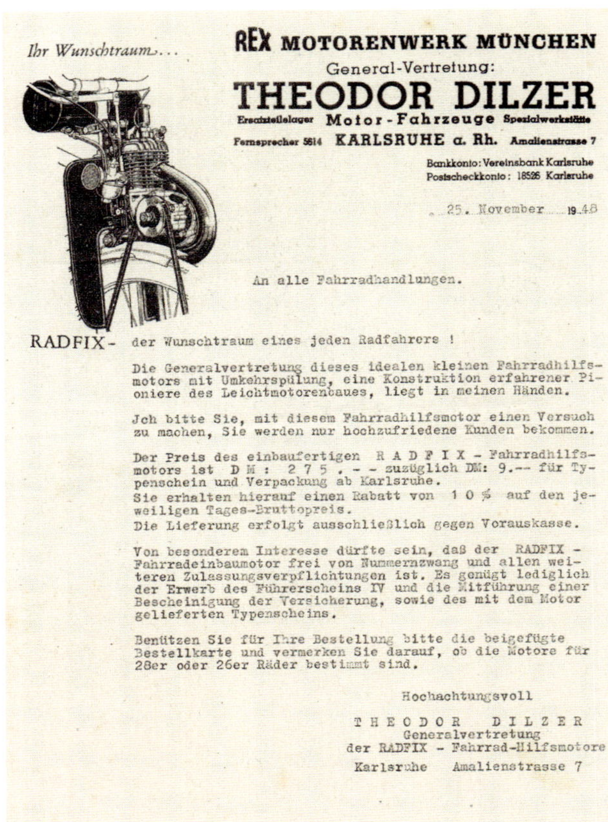

Ihr Wunschtraum...

REX MOTORENWERK MÜNCHEN
General-Vertretung:
THEODOR DILZER
Ersatzteillager Motor-Fahrzeuge Spezialwerkstätte
Fernsprecher 5614 KARLSRUHE a. Rh. Amalienstrasse 7
Bankkonto: Vereinsbank Karlsruhe
Postscheckkonto: 18526 Karlsruhe

25. November 1948

An alle Fahrradhandlungen.

RADFIX - der Wunschtraum eines jeden Radfahrers !

Die Generalvertretung dieses idealen kleinen Fahrradhilfsmotors mit Umkehrspülung, eine Konstruktion erfahrener Pioniere des Leichtmotorenbaues, liegt in meinen Händen.

Jch bitte Sie, mit diesem Fahrradhilfsmotor einen Versuch zu machen, Sie werden nur hochzufriedene Kunden bekommen.

Der Preis des einbaufertigen R A D F I X - Fahrradhilfsmotors ist D M : 2 7 5 . - - zuzüglich DM: 9.-- für Typenschein und Verpackung ab Karlsruhe.
Sie erhalten hierauf einen Rabatt von 1 0 % auf den jeweiligen Tages-Bruttopreis.
Die Lieferung erfolgt ausschließlich gegen Vorauskasse.

Von besonderem Interesse dürfte sein, daß der RADFIX - Fahrradeinbaumotor frei von Nummernzwang und allen weiteren Zulassungsverpflichtungen ist. Es genügt lediglich der Erwerb des Führerscheins IV und die Mitführung einer Bescheinigung der Versicherung, sowie des mit dem Motor gelieferten Typenscheins.

Benützen Sie für Ihre Bestellung bitte die beigefügte Bestellkarte und vermerken Sie darauf, ob die Motore für 28er oder 26er Räder bestimmt sind.

Hochachtungsvoll

T H E O D O R D I L Z E R
Generalvertretung
der RADFIX - Fahrrad-Hilfsmotore
Karlsruhe Amalienstrasse 7

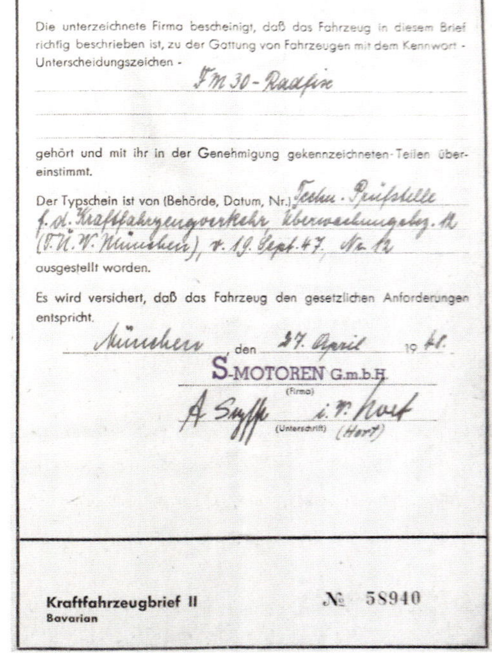

Die unterzeichnete Firma bescheinigt, daß das Fahrzeug in diesem Brief richtig beschrieben ist, zu der Gattung von Fahrzeugen mit dem Kennwort - Unterscheidungszeichen - *FM 30-Radfix*

gehört und mit ihr in der Genehmigung gekennzeichneten Teilen übereinstimmt.

Der Typschein ist von (Behörde, Datum, Nr.) *Techn. Prüfstelle f.d. Kraftfahrzeugverkehr Überwachungsbez. M (T.Ü.W. München), v. 19. Sept. 47, Nr. 12* ausgestellt worden.

Es wird versichert, daß das Fahrzeug den gesetzlichen Anforderungen entspricht.

München, den *27. April* 19*48*.

S-MOTOREN G.m.b.H.
(Firma)
A Seyffer i.V. Hort
(Unterschrift) *(Hort)*

Kraftfahrzeugbrief II
Bavarian

№ 58940

Oben links: Max Seyffer überlässt Fritz Gockerell drei Radfix-Motoren als Vergütung.

Links: Auszug aus einem Kfz-Brief für den Radfix FM 30-Motor.

Ganz oben: Rundschreiben an alle Fahrradhändler vom September 1948.

Oben: Neuer Briefkopf mit neuem Markenemblem des Rex-Motoren-Werks ab Mitte 1948.

Rechte Seite: Im Frühjahr 1948 wurde der Radfix-Motor von der Zeitschrift „Das Auto" einem ausführlichen Test unterzogen – mit hervorragendem Ergebnis.

RADFIX

EIN NEUER, KLEINER HILFSMOTOR FÜR ALLE FAHRRÄDER

Klein, leicht und handlich — Fotos: Hoepner

Eine erfreuliche Nachricht: Dem § 67 a der Straßenverkehrs-Zulassungs-Ordnung vom 13. November 1937 soll in Kürze als Absatz 3 angefügt werden:

„Motoren, die geeignet und bestimmt sind, die Fortbewegung gewöhnlicher Fahrräder zu erleichtern (Fahrrad-Hilfsmotoren), dürfen im öffentlichen Verkehr verwendet werden, wenn für sie eine allgemeine oder eine Betriebserlaubnis im Einzelfalle (Gutachten eines amtlich anerkannten Sachverständigen mit dem Vermerk der Zulassungsstelle „Betriebserlaubnis erteilt") vorliegt. Die Erteilung eines Fahrzeugbriefs entfällt; es bedarf auch keiner Zulassung des Fahrzeugs, also auch keiner Kennzeichnung, noch überhaupt einer Meldung bei der Straßenverkehrsbehörde. Von den Bau- und Betriebsvorschriften gelten für die mit Hilfsmotor versehenen Fahrräder nur die Vorschriften für Fahrräder (§§ 65 und 67). Wer ein mit Hilfsmotor versehenes Fahrrad im öffentlichen Verkehr benutzt, hat, nebendem Führerschein der Klasse 4 (§ 5) und der Haftpflichtversicherungsbestätigung (§ 29b), die für den Motor erteilte Einzelerlaubnis oder eine vom Hersteller erteilte, mit der Motornummer versehene Photokopie der allgemeinen Betriebserlaubnis mitzuführen und auf Verlangen zuständigen Beamten zur Prüfung auszuhändigen. Der Motor muß ein deutliches Unterscheidungszeichen (Motornummer) haben. Fahrräder mit Hilfsmotor dürfen mit keiner höheren Geschwindigkeit als 20 Kilometer in der Stunde gefahren werden."

Erst dachte ich, es sei ein Care-Paket; nicht größer ist die Sendung des Radfix-Motors mit allem Zubehör. In etwa zwei Stunden war er ohne jede Schwierigkeit und Änderung am Fahrrad meiner Frau angebracht. Nachdem eindreiviertel Liter normale Zweitakter-Mischung in den am Lenker befestigten Tank eingefüllt waren, sprang das Motörchen nach wenigen Tritten auf die Pedale mühelos an und schnurrte mit mir in flottem Tempo davon. Später fuhren Hinz und Kunz damit. Alle fanden sich mit der einfachen Bedienung sofort zurecht und waren begeistert. Bei jeder Gelegenheit wurde unser „Bienchen" an Stelle des Fahrrades benutzt, zum Einholen, zu Fahrten zur Post und Bank, den Behörden und zum Verlag, ja sogar einmal zum Hamstern. Handlichkeit und bequeme Unterstellmöglichkeit, nicht zuletzt aber der minimale Kraftstoffverbrauch erwiesen sich dabei als äußerst vorteilhaft. Immer sprang das „Bienchen" leicht an und hat nie jemanden im Stich gelassen. Einmal mußte der neue Riemen etwas nachgespannt werden, was völlig normal ist und ohne Schwierigkeiten im Handumdrehen geschehen war. Auch bei Regen rutschte der Riemen nicht, und Steigungen bis zu 5 Prozent konnten glatt, ohne mitzutreten, genommen werden. Stets bieb das Maschinchen tadellos sauber; nur den Tank mußte man um die Verschraubung herum von Zeit zu Zeit abwischen. Bei kaltem Wetter war es gelegentlich notwendig, zum rascheren Anspringen beim Antreten die Hand kurze Zeit vor den Ansaugfilter des Vergasers zu halten; aber dies ist in Zukunft überflüssig, da serienmäßig ein kleiner Drosselschieber vor dem Luftfilter angebracht wird. Vielen lief unser „Bienchen" fast etwas zu schnell. Um im starken

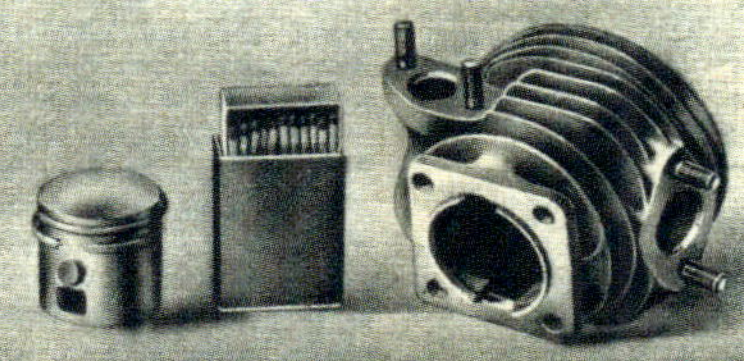

An der abgebildeten Zündholzschachtel erkennt man die Kleinheit des leistungsfähigen, sparsamen Radfix-Motörchens

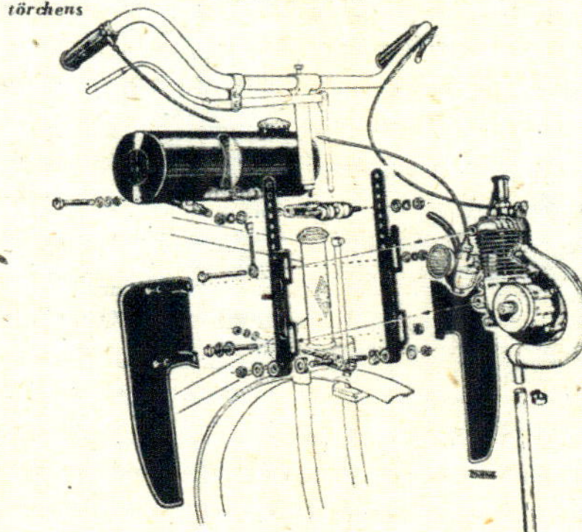

So wird der Radfix-Motor eingebaut. Zeichnung Thusius

nächst Rex Motorenwerk München GmbH. firmiert, bald in Serie hergestellt. Für dieses Jahr ist eine Produktion von 7900 Radfix-Motoren vorgesehen und genehmigt worden, die aber nur auf Bezugschein erhältlich sind und natürlich bei weitem nicht ausreichen, um den großen Bedarf zu decken. Zweifellos handelt es sich hier um das sparsamste Verkehrsmittel, das für weiteste Kreise im Nahverkehr denkbar praktisch und völlig ausreichend ist. Seine besonderen Vorzüge sind: Verwendbarkeit jedes vorhandenen Fahrrades einschließlich seiner Bereifung, das weiterhin auch ohne Motorantrieb benützbar ist und ebenso handlich wie leicht unterstellbar bleibt. Außer dem geringen Materialaufwand und niedrigen Anschaffungspreis sind die Kraftstoffkosten von nur 0,6 Pfennige je Kilometer hervorzuheben. Wichtig ist ferner, daß bei im Nah- und Stadtverkehr völlig ausreichender Leistung keine Überbeanspruchung des Fahrrades zu befürchten ist. Auch für Laien ist die Bedienung kinderleicht; trotzdem erscheint lange Haltbarkeit und hohe Zuverlässigkeit ohne nennenswerten Pflegebedarf gewährleistet.

Selten fiel es uns so schwer, eine Test-Maschine wieder zurückzugeben, denn der kleine Radfix-Motor ist uns, die wir ziemlich weit draußen wohnen, in kurzer Zeit geradezu unentbehrlich geworden. Wie viele andere, die ebenfalls ein so billiges, handliches und sparsames Nahtransportmittel dringend brauchen, wünschen auch wir uns, daß wir in absehbarer Zeit einen Bezugschein dafür bekommen. Aber leider wird wohl noch viel Wasser die Isar hinunterfließen, bis es

„Erst dachte ich, es sei ein Care-Paket: nicht größer ist die Sendung des Radfix-Motors mit allem Zubehör. In etwa zwei Stunden war er ohne jede Schwierigkeit und Änderung am Fahrrad meiner Frau angebracht. Nachdem eindreiviertel Liter normale Zweitakter-Mischung in den am Lenker befestigten Tank eingefüllt waren, sprang das Motörchen nach wenigen Tritten auf die Pedale mühelos an und schnurrte mit mir in flottem Tempo davon."

„Immer sprang das ‚Bienchen' leicht an und hat nie jemanden im Stich gelassen. Einmal mußte der neue Riemen etwas nachgespannt werden, was völlig normal ist und ohne Schwierigkeiten im Handumdrehen geschehen war. Auch bei Regen rutschte der Riemen nicht und Steigungen bis zu 5 Prozent konnten glatt, ohne mitzutreten, genommen werden."

„Schön wäre es, wenn irgendein Leerlauf, z.B. durch eine ganz einfache Klauenkupplung ohne jeden Bedienungsmechanismus, die nur im Stand betätigt werden kann, vorhanden wäre [. . .] doch das wissen die Schöpfer dieses ausgezeichneten kleinen Hilfsmotors."

„Er wird nun von der Rex-Motoren GmbH, die wohl demnächst Rex Motorenwerk München GmbH firmiert, bald

Links: Prospekt für den Fahrrad-Hilfsmotor Rex FM 31 von 1948 mit schwarzen Anbauteilen.

Unten: Diese Montageanleitung lag jedem Rex-Motor bei, der in einem Versandkarton an Kunden ging.

in Serie hergestellt. Für dieses Jahr ist eine Produktion von 7900 Radfix Motoren vorgesehen und genehmigt worden, die aber nur auf Bezugschein erhältlich sind und natürlich bei weitem nicht ausreichen, um den großen Bedarf zu decken."

„Selten fiel es uns so schwer, eine Test-Maschine wieder zurückzugeben, denn der kleine Radfix-Motor ist uns, da wir ziemlich weit draußen wohnen, in kurzer Zeit geradezu unentbehrlich geworden."

So viel Lob und Begeisterung hatte natürlich Konsequenzen in Form eines Ansturms an Interessenten und Bestellungen, welche die kleine Firma in keiner Weise bewältigen konnte. Natürlich beeindruckte diese positive Entwicklung auch die Investoren Erich und Kurt Bagusat nachhaltig und man witterte enormes Potenzial. Max Seyffer war allerdings finanziell nicht in der Lage, weiter in die Ausweitung der Produktion, die mit zahlreichen Neuanschaffungen einhergehen musste, zu investieren. In den

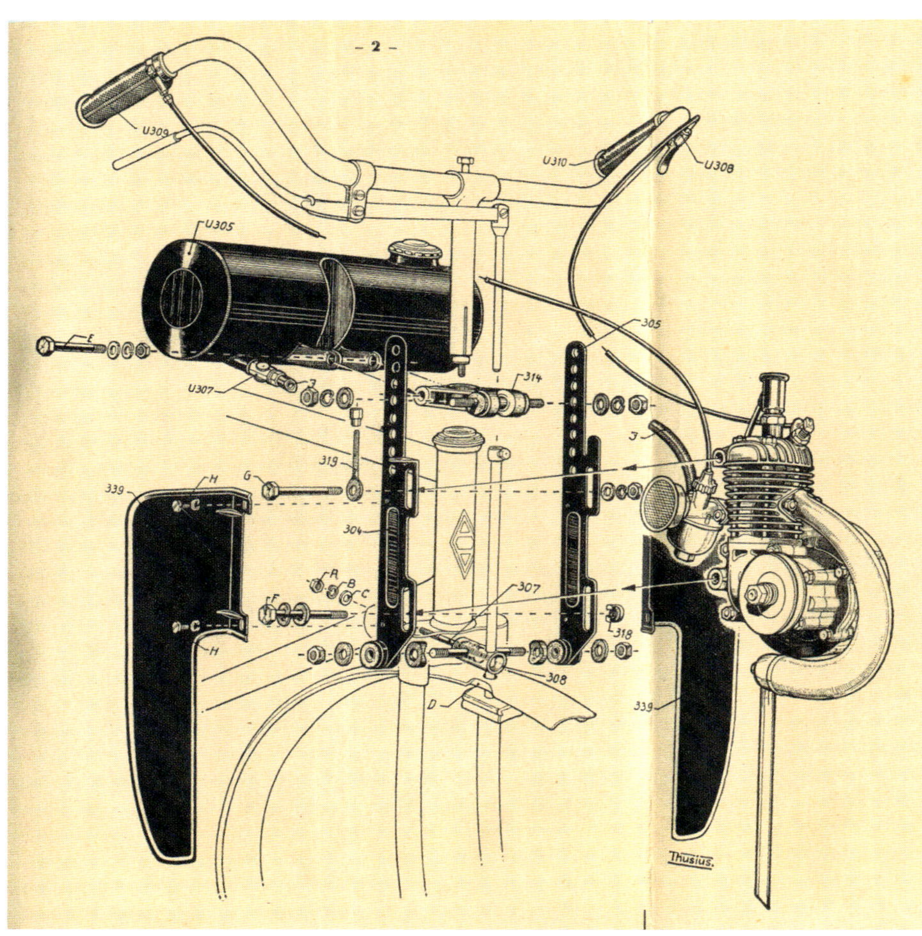

– 3 –

Praktischer Hinweis:

Die nebenstehende Einbauzeichnung lassen Sie während der Montage-Arbeit zweckmäßigerweise stets voll sichtbar ausgeklappt, so daß Sie beim Lesen des Einbau-Textes auf den Seiten 3–7 ohne blättern zu müssen, stets durch einen raschen Blick auf die Zeichnung „genau im Bilde" sind.

Allgemeines:

Der Motor wird mit sämtlichen erforderlichen Aufbauteilen und Zubehörteilen geliefert, worüber ein genauer Packzettel jeder Sendung beigefügt ist.

Bei der Anlieferung ist der Motor mit den Befestigungsstreben so zusammengebaut, wie er später am Fahrrad sitzt. Es empfiehlt sich daher, vor dem bei der nachfolgenden Montage teilweise notwendigen Auseinanderbau einzelner Befestigungsteile, sich die Zuordnung der Einzelteile im Anlieferungszustand genau einzuprägen. Der Fahrradmotor hat sich seit Jahren auf Tausenden von Kilometern und mit jedem normalen Fahrradtyp bewährt. Voraussetzung für einen ungestörten Betrieb ist jedoch eine **einwandfreie Beschaffenheit des Fahrrades**, d. h. das Fahrrad darf keine die Verkehrssicherheit beeinträchtigenden Mängel aufweisen (Anrisse oder alte Bruchstellen, schlechte Lötstellen, unzulässige Deformationen insbesondere an Rahmen und Gabel).

Montagedurchführung:

1. **Überprüfung des Fahrrades** auf einwandfreien, verkehrssicheren Zustand (Kontrolle von Rahmenrohr, Gabelkopf, Steuerkopf, Festziehen der Speichen und Zentrieren der Felgen für genauen Rundlauf und Schlagfreiheit, Spuren von Vorder- und Hinterrad, Bremsenkontrolle).
2. **Ausbau des Vorderrades.**

Schon kurz nach dem Verkaufsstart des Rex-Motors wurde dieser auch von verschiedenen Herstellern von Versehrtenfahrzeugen angeboten.

Verhandlungen zur Weiterentwicklung des noch kleinen Unternehmens kam es deshalb zunehmend zu Unstimmigkeiten.

Am 16. Juli 1948 erfolgte schließlich die Begutachtung des FM 31-Motors durch die Technische Prüfstelle für den Kraftfahrzeugverkehr in München, mit dem Ergebnis, dass das Kraftfahrtbundesamt die Allgemeine Betriebserlaubnis offiziell am 31. Dezember des Jahres bestätigte.

Am 26. Juli 1948 unterzeichneten die Brüder Bagusat einen neuen Mietvertrag mit der Firma Villiger für deren Werk 1 in der Zielstattstraße 19 und waren damit für das weitere Geschick des Radfix-Motors verantwortlich. Etwa gleichzeitig hatte man den Firmennamen in „Rex-Motoren-Werk München GmbH" geändert und ließ ein neues Markenemblem entwerfen, zunächst noch auf der Basis des geflügelten Zylinders von Max Seyffer.

Unter dem Einfluss der erfahrenen Unternehmer Erich und Kurt Bagusat galt es nun, die Firma auf die kommenden, sehr erfolgversprechenden Aufgaben einzustellen. Maßnahmen zur Straffung des Betriebs wurden ergriffen. So hatte zum Beispiel Fritz Gockerell im Jahr 1946 Seyffers Fertigungsgesellschaft die Produktionslizenz für einen von ihm entwickelten Luftkompressor verkauft. Dieses Projekt wurde nun sofort auf Eis gelegt, Gockerell jedoch als freier Mitarbeiter weiterhin in die Entwicklung des Motors einbezogen.

Neue Leitung und neue Fabrik

Zu dieser Zeit bahnte sich langsam eine Loslösung Max Seyffers von dem von ihm gegründeten Motorenwerk an; zunehmend kam es zwischen ihm und den Brüdern Bagusat zu Meinungsverschiedenheiten. Jedenfalls führte er seinen Fertigungsbetrieb im „IWIS"-Haus weiter, produzierte dort immer noch sein Zahlenschloss sowie Einkaufswagen und behielt sich das Recht vor, den unter seiner Regie entwickelten Radfix-Motor für verschiedene Zwecke, außer für den Einbau in Zweiradfahrzeuge, weiterzuentwickeln und zu vermarkten.

Nun wurde endlich massiv in die Werbung investiert und professionelle Prospekte und Produktliteratur, wie zum Beispiel Einbau-Anleitungen für den Radfix/Rex-Motor in Auftrag gegeben. Rasch musste nun vor allem die Massenproduktion des Motors in Gang kommen, was mit dem urtümlichen Sandguss-Verfahren natürlich nicht zu bewerkstelligen war. Längst wurden die Gussteile bei Spezialbetrieben wie NÜRAL mit ihrem modernen Druckguss-Verfahren in Auftrag gegeben, eine Voraussetzung für die Massenherstellung.

Durch Vergrößerung der Belegschaft und Beschleunigung der Motorenmontage durch das moderne Gussverfahren stiegen die Produktionszahlen des FM 31-Motors rasant an. Waren von der Sandgussvariante FM 30 zwischen Frühjahr 1947 und Sommer 1948 nur rund 2.000 Exemplare gefertigt worden (bis etwa zur Nummer 1.500 noch ohne Typenschild), so baute man bis Ende 1948 schon rund 3.000 weitere Motore.

Schnell wurde den Brüdern Bagusat bewusst, dass die Räumlichkeiten im Villiger-Haus der sich nun dynamisch steigernden Produktion bei Weitem nicht genügen konn-

Links: In einer kleinen Broschüre von ca. 1950 wurden Rex-Fahrern wichtige Hinweise zum Betrieb ihres Motors gegeben.

Rechts: Rex-Werbeplakat von 1949.

ten, sodass zeitnah ein neuer, großzügiger Standort gefunden werden musste. Mitte 1949 wurde schließlich in der Forstenrieder Straße, auf Höhe der Hausnummer 73, ein moderner Industriebau in Auftrag gegeben. Um die hohen Kosten für den Neubau (2,4 Millionen DM) und für weitere, neue Maschinen (1,5 Millionen DM) stemmen zu können, verkaufte Kurt Bagusat einen Großteil seiner Grundstücke. Bereits seit seiner Übersiedlung nach München hatte er bedeutenden Grundbesitz entlang der Forstenrieder Straße erworben, einen ansehnlichen Teil der damals noch von Gärtnereien genutzten Flächen zwischen Harras und Luise-Kiesselbach-Platz.

Ein neuer Name und neue Produkte

Mitte des Jahres 1948 war ja bereits der Produktname „Radfix" in „Rex" geändert und ein neues, stark vereinfachtes Markenemblem entworfen worden, mit einer Krone über dem großen R – damit war der Rex-Motor geboren. Man

Unten: Dieser hübsche Briefkopf wurde 1949 auf einem Händlerrundschreiben von Rex verwendet.

An unsere verehrliche Händlerschaft!

Frühjahrsgeschäft

Wir übermitteln Ihnen zur Unterstützung Ihrer Frühjahrswerbung hiermit [illegible] Stück unseres neuentwickelten, werbekräftigen Schaufenster-Plakates. Sollten Sie Wert darauf legen, eine Anzahl kaschierter, auf Pappe aufgezogener, mit einer Vorrichtung zum Aufstellen versehener Plakate zu erhalten, bitten wir um Ihre Mitteilung.

Oben links und rechts: Auf der Frankfurter Frühjahrsmesse im März 1950 traten das Rex-Motoren-Werk und die Seyffer Fertigungsgesellschaft mbH bereits getrennt auf.

Links: Prospekt des einfachen Kolibri-Rollers mit Rex FM40-Motor.

Rechts: Wenige Motor-Fahrräder mit Rex FM 40-Motor und Blechverkleidungen entstanden ca. 1950 durch Konstrukteur Dirks in Norddeutschland.

kann vermuten, dass die Brüder Bagusat bei der Entwicklung des Unternehmens zunehmend weniger Rücksicht auf Max Seyffers Wünsche und Ideen nahmen. Ihre hohen Investitionen führten in der Folge unter anderem zu einem schrittweisen Rückzug Seyffers von den laufenden Entscheidungen. Schließlich kam es wohl um die Mitte des Jahres 1950 zum endgültigen Bruch zwischen Seyffer und den Bagusat-Brüdern. Auch Karl Kolb, Seyffers Freund und kaufmännischer Leiter bei Rex, verließ die Firma.

Vor seinem Ausscheiden aus dem Unternehmen hatte Max Seyffer jedoch noch eine wichtige Neuentwicklung angestoßen. Mit steigender Wirtschaftskraft der Bevölkerung war neben dem Bedarf an Fahrrad-Hilfsmotoren auch der Wunsch nach fertigen, motorisierten Zweirädern mit Motoren bis zu den damals erlaubten 40 ccm gestiegen. Ab der Jahreswende 1949/50 arbeitete man in der Zielstattstraße deshalb an solch einem Fahrzeug, für das später der Name „Moped" geprägt wurde – von keinem Geringeren als Max Seyffer selbst.

Fest stand, dass man hierfür zunächst auf die Zulieferung eines geeigneten, verstärkten Fahrradrahmens angewiesen war, denn die (noch) kleine Firma war zu diesem Zeitpunkt nicht in der Lage, einen Rahmen zu entwickeln und zu fertigen. Schließlich wurde man bei der traditionsreichen Firma WKC in Solingen fündig. „Weyersberg, Kirschbaum & Cie." (WKC) fertigte seit 1883 Hieb- und Stichwaffen für das Militär und hatte 1898 begonnen, Fahrräder unter dem Markennamen „Patria" herzustellen. Nach dem Ersten Weltkrieg wurde WKC zu einem der größten Fahrradhersteller Deutschlands. Parallel wurden und werden bis heute Blankwaffen produziert, während die Herstellung von Fahrrädern Mitte der 1950er Jahre eingestellt wurde.

Ende der 1940er Jahre hatte die Firma ein stabiles Lastenfahrrad mit 26-Zoll-Bereifung im Programm, das sich mit leichten Anpassungen für den Einbau des weiterentwickelten Rex-FM 40-Motors vor dem Tretlager eignete. Erste Prototypen entstanden zu Versuchszwecken noch Anfang 1951.

Seine zahlreichen Vorzüge

Sicheres und bequemes Fahren	durch niedrigen Schwerpunkt und geringe Sattelhöhe.
Denkbar einfache Bedienung	durch Betätigung von Kupplung und Drehgasgriff.
Erstaunlich geringes Gewicht	kaum schwerer als ein Fahrrad mit Hilfs-Motor.
Kleine Abmessungen	mit 180 cm Länge und 90 cm Höhe beansprucht der Roller weniger Raum als ein Fahrrad.
Gefällige zweckdienliche Form	durch zweckentsprechende Verkleidung, welche vor jeder Verschmutzung schützt.
Ausreichende Geschwindigkeit	von Schritt bis 30 km/Std., genügend für Stadt- und Ausflugsverkehr.
Niedriger Brennstoffverbrauch	1,5 Ltr. Benzin-Öl-Gemisch für 100 Km Fahrtstrecke.
Zulassungs- u. Nummernfreiheit	benötigt wird lediglich Führerschein Kl. 4 und Versicherungsschutz gegen Haftpflicht.
Der „Jedermann"-Preis	von 395 DM einschließlich elektrischer Lichtanlage.

Formschönheit, Wirtschaftlichkeit u. Befreiung von der Nummern- und Zulassungspflicht machen den Motor-Roller **Spatz** *zu einem Kleinfahrzeug, das Jedermann Freude machen wird. Der niedrige Anschaffungspreis, der weit unter dem Preis des billigsten Leichtmoter-Rades liegt, ermöglicht es weiten Kreisen, sich den Motor-Roller anzuschaffen.*

REX-MOTOREN-WERK MÜNCHEN · GMBH
MÜNCHEN 25, ZIELSTATTSTRASSE 19
FERNRUF 70314, 72313 · DRAHTWORT: REXMOTOR

Links unten: Messestand des Rex-Motoren-Werks 1951 auf der IFMA in Frankfurt.

Rechts: Der Rex-Roller „Spatz" mit 40 ccm-Motor ging nicht in Serie.

Links oben: Der Neubau des Rex-Motoren-Werks in der Forstenrieder Straße, heute Albert-Roßhaupter-Straße, im Münchner Stadtteil Sendling.

Links Mitte: Konstrukteur Emil Stiebling (2. v. l.) und Rex-Werksleiter Leo Bühl (rechts) führen einen Gast durch die Motorenfertigung in München.

Besichtigung der Abteilung für Metallbearbeitung in München durch Werksleiter Leo Bühl, Konstrukteur Emil Stiebling und einen Gast.

Doch das war noch nicht alles: Inspiriert vom erfolgreichen italienischen Motorroller „Vespa", begannen verschiedene Firmen nun in Deutschland über ähnliche Fahrzeuge nachzudenken. 1949/50 entstand so auch im Rex-Motoren-Werk in München zumindest wohl der Prototyp eines solchen Zweirades. Man beabsichtigte zweifelllos auch eine Serienherstellung, denn es wurde ein Prospekt gedruckt, der die Vorzüge des „Spatz" genannten Motorrollers hervorhob. Wie auf der dortigen Abbildung ersichtlich, war der Motor, wahrscheinlich der neue FM 34, vor dem Hinterrad eingebaut und trieb dieses mittels des bewährten Riemens an; auch eine Klemmkugelkupplung war vorhanden. Da die Abbildung im Prospekt deutlich retuschiert ist und kein Fahrzeug überliefert ist, muss angenommen werden, dass es nicht zu einer Serienherstellung kam. Wahrscheinlich erwies sich auch der angegebene Preis von 395 DM als wirtschaftlich nicht realisierbar. Der „Spatz" wäre noch vor dem Volksmoped das erste Komplettfahrzeug von Rex gewesen.

Im Sommer 1950 wurde schließlich das neue, moderne Rex-Motoren-Werk in der Forstenrieder Straße 73 fertig und der Umzug konnte beginnen; im Januar 1951 wurde der Mietvertrag zur Nutzung des Villiger-Hauses in der Zielstattstraße aufgelöst. Inzwischen war die Belegschaft des jungen Unternehmens auf über 200 angewachsen, vor allem Frauen fanden in der Fertigung und Montage der nun in Massen hergestellten Hilfsmotoren eine Beschäftigung. Der lang gestreckte Industriebau beherbergte auf drei Stockwerken mit großzügiger Verglasung Verwaltung, Konstruktion und Fertigung. Im Inneren hatten die Brüder Bagusat mit Investitionen in Millionenhöhe dafür gesorgt, dass nun endlich ein umfangreicher und moderner Maschinenpark für die Massenproduktion des erfolgreichen Rex-Motors zur Verfügung stand.

Mittlerweile arbeitete man mit Elan an der Serienreife des von Max Seyffer projektierten Motorfahrrads, denn auf dem hart umkämpften Markt tauchten immer mehr solcher Fahrzeuge auf. Mitte 1951 hatte nach Werksangaben bereits der 30.000ste Rex-Motor das Werk verlassen und erste Motoren des Typs FM 40 mit um 3 mm vergrößerter Bohrung waren in Produktion. Schon Anfang des Jahres war ein Rex- „Mofarad", das spätere Moped, in Frankfurt auf dem Messestand zu sehen gewesen.

Konkurrenten

In der Zwischenzeit hatte sich das Angebot an Hilfsmotoren in Deutschland deutlich erweitert, mehr als ein Dutzend Firmen boten solche Anbau-Motoren mittlerweile an und es gab die verschiedensten technischen Lösungen. Hatte es 1947, als der Radfix-Motor auf dem Markt debütierte, mit dem NSU Vicky I-Motor nur *einen* Konkurrenten gegeben, so war die Bandbreite großer und kleiner Anbieter nun, Anfang der 1950er Jahre, bunt wie selten zuvor.

Betrachtet man einmal nur den Markt für Fahrrad-Hilfsmotoren in Deutschland in den 1940er und 50er Jahren, so hatte Rex mehr als 30 große und kleine Konkurrenten mit zum Teil langer Geschichte und bekanntem Namen. Stellvertretend für alle zeitgenössischen Hersteller seien im Folgenden einige markante Konstruktionen kurz beschrieben.

amo

Dieser Hilfsmotor, der – ähnlich wie der Victoria – für den Anbau links neben der Hinterradnabe des Fahrrads gedacht war, wurde ab Anfang der 1950er Jahre von der „amo Motorengesellschaft mbH" in Berlin Schöneberg gebaut. Gehäuse und Zylinder waren vertikal geteilt und der Motor verfügte über eine Spreizringkupplung. Er gehörte eher zu den teuren Aggregaten und wurde auch im firmeneigenen „amoPED" und in einigen Fremdfabrikaten verbaut. Beworben wurde er als „Deutschlands stärkster Fahrradmotor", erreichte aber vermutlich aufgrund seiner damals isolierten Produktionsstätte bei Weitem nicht die Stückzahlen wie Victoria oder Rex.

ERMO

Der kleine Zweitakter der „Kleinmotorenbau Ernstberger KG" in Nürnberg gehörte zu den eher erfolglosen Vertretern auf dem Markt der Hilfsmotoren. Das 48 ccm-Aggregat erschien erst 1952 relativ spät und hatte gegen die bereits etablierten Hersteller keine Chance. Technisch bot der ERMO keine Besonderheiten, er wurde auf der linken Seite des Hinterrades, knapp über der Nabe installiert und trieb das Rad über eine kurze Kette an. Mit einem Vergaser eigener Konstruktion und bei einem Gewicht von rund 6 kg verfügte der ERMO über eine Leistung von maximal 1 PS, sein kleiner Tank wurde auf dem Gepäckträger unter dem Sattel befestigt. Schon nach kurzer Zeit war von diesem Motor nichts mehr zu hören.

Flink / MWV

Der Flink-Motor, der das Vorderrad des Fahrrads über eine Reibrolle antrieb, wurde in Varel (Oldenburg) hergestellt. Konstrukteur war die dortige „Inka GmbH" (Ingenieurs-Konstrukteurs-Arbeitsgemeinschaft). Deshalb wurde der Motor zunächst auch als „Inkarette" angeboten. Motor und Tank waren schwenkbar an einer Anlenkachse befestigt. Der Fahrer konnte den Motor mit einem langen He-

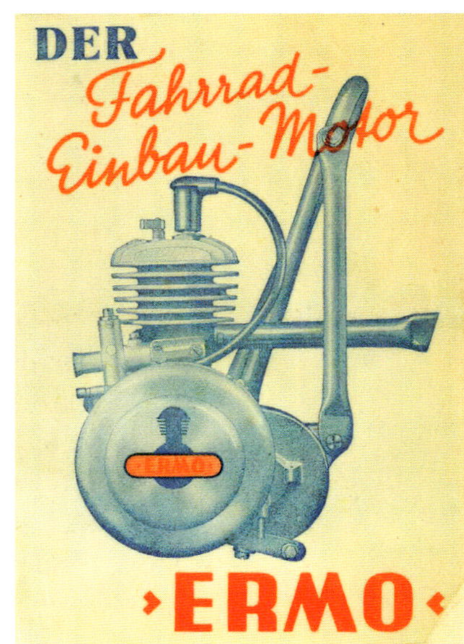

bel anpressen oder abheben, eine Kupplung erübrigte sich dadurch. Der Flink gehörte zu den preisgünstigen Motoren und wurde von 1950 bis 1953 hergestellt. Später versuchte sich das Werk auch auf dem Moped-Markt, jedoch ohne Erfolg. Aufträge aus dem Schiffs- und Flugzeugbau hielten das Unternehmen am Leben.

ILO

Die ILO-Werke in Pinneberg bauten schon ab den 1920er Jahren Einbaumotoren für Motorräder und Dreiradlieferwagen sowie einen 60 ccm-Fahrrad-Hilfsmotor im Zweitaktverfahren. Dieser Motor mit der Bezeichnung F 60 wurde auch als erster Fahrrad-Hilfsmotor nach dem Zweiten Weltkrieg ab Ende 1945 wieder angeboten, denn die alliierten Besatzer hatten die Motorgröße auf 60 ccm begrenzt. Nach der Währungsreform orientierte man sich an der international gültigen Begrenzung auf 50 ccm für solche Motoren und ILO präsentierte 1950 eine völlige Neukonstruktion in dieser Klasse, den Fahrrad-Hilfsmotor F 48. Gebaut wurde das kleine Aggregat, das unterhalb des Tretlagers montiert wurde, im neuen ILO-Zweigwerk, der „Süddeutsche Ilo Werk GmbH" in München. Fertigungsleiter dort wurde Max Seyffer, Vater des Rex-Motors, der das Rex-Motoren-Werk nach der Übernahme durch die Brüder Bagusat verlassen hatte.

Linke Seite: Werbeprospekte für die Fahrrad-Hilfsmotoren von „amo", „ERMO" und „Flink".

Diese Seite: Werbeprospekte für den „ILO"-Anbaumotor und den Nabenmotor von der Firma „Küchen" für das Hinterrad.

Küchen

1952, zu spät für einen Hilfsmotor, ging der Küchen-Motor 38 S in Ingolstadt in Serienproduktion. Er leistete 0,95 PS bei 4.000 U/min aus einem Hubraum von 38 ccm. Hersteller war die Fabrik von Richard Küchen jun., dessen gleichnamiger Vater schon vor dem Zweiten Weltkrieg Einbaumotoren für verschiedene Motorrad-Hersteller gebaut hatte. Der links neben dem Hinterrad angebrachte Motor trieb das Rad über ein kleines Zahnrad an, das in einen großen Zahnkranz mit Innenverzahnung griff. Ein Rollen-Freilauf ersparte dem Fahrer die Betätigung einer Kupplung, sodass man von einer Art Automatik sprechen konn-

te. Unglücklicherweise fiel der Produktionsstart des gut durchdachten Triebwerks in die Zeit des beginnenden Moped-Booms und schon ein gutes Jahr später wurde die Herstellung mangels Nachfrage wieder gestoppt.

Lohmann

Der Lohmann-Motor war ein Vielstoff-Zweitakt-Verbrennungsmotor mit Kompressionszündung. Seine Funktionsweise unterschied sich sowohl von der des Otto- als auch von der des Dieselmotors. Der angesaugten Luft wurde im sogenannten Mischer Kraftstoff zugemischt, der Motor verfügte also über eine äußere Gemischbildung. Das Drehmoment wurde mittels Gemisch-Drosselung mit einem Schieber eingestellt. Nach Vorverdichtung im Kurbelgehäuse und dem Überströmen wurde das fertig aufbereitete Kraftstoffluftgemisch im Brennraum so hoch verdichtet, dass es sich selbst entzündete.

Der Fahrrad-Hilfsmotor von Lohmann war 1949 der erste nach dem Lohmann-Prinzip arbeitende Serienmotor. Mit nur 18 ccm Hubraum entwickelte er eine Leistung von 0,8 PS bei 6.000 U/min. Die Verdichtung wurde mit einem Drehgriff am linken Lenkerende reguliert. Dessen Betätigung verschob den Zylinder in Richtung seiner Achse, wodurch Verdichtungsverhältnisse von 12,5:1 bis zu 125:1 einstellbar waren. Im normalen Fahrbetrieb arbeitete der Motor aber mit einer Verdichtung von etwa 14:1 bis 18:1. Die erzielbare Höchstgeschwindigkeit lag bei ca. 37 km/h. Betreibbar war der Lohmann-Motor mit verschiedenen Kraftstoffen von Diesel bis hin zu Kerosin.

LUTZ

Unternehmensgründer und Motorenentwickler Otto Lutz gründete am 13. Mai 1946 die „LUTZ GmbH“, um preiswerte motorisierte Zweiradfahrzeuge zu produzieren. Lutz hatte bereits während seines Studiums an der Entwicklung von Motoren, insbesondere Zweitaktmotoren, gearbeitet. 1946 erschien sein typisch L-förmiger Motor mit ca. 1 PS Leistung auf dem Markt und wurde mit Fahrgestellen zum Teil von den Braunschweiger Panther Fahrradwerken bis 1954 rund 3000-mal produziert.

Victoria

Schon Ende 1946 wurde die Produktion des FM 38-Motors von Victoria als erster neu konstruierter Hilfsmotor in Deutschland aufgenommen. Dieser von Albert Roder entwickelte Motor mit einer Leistung von 0,8 PS (588 W) bei 3500 U/min und zwei Gängen hatte eine Bohrung von 35 mm und einen Hub von 40 mm. Der Hubraum wurde so gewählt, dass er eine mögliche Hubraumbeschränkung für neu produzierte Motoren durch die Alliierten – gedacht war zunächst an 40 ccm Hubraum als Obergrenze – nicht überschritt. Der Hilfsmotor, der als Anbaumotor für das

Linke Seite: Zeittypische Werbung für die Hilfsmotoren von „Lohmann“, „LUTZ“ und „Victoria“.

Rechts: Werbeprospekt für den „Combimot“-Hilfsmotor der Münchner Zündapp-Werke von 1953.

Hinterrad von Fahrrädern konzipiert war, wurde auch sehr erfolgreich bei den späteren Victoria Moped-Modellen mit der Bezeichnung „Vicky“ verwendet.

Um den Absatz des 2-Gang-Anbaumotors zu erhöhen, baute Victoria sogar einen Rennmotor für Rekordversuche. Durch tiefgreifende Tuningmaßnahmen verfügte dieses Aggregat über mehr als die doppelte PS-Leistung. Mit Georg Dotterweich als Fahrer erreichte das weitgehend aerodynamisch verkleidete Fahrrad mit Hilfsmotor am 12. April 1951 auf der Autobahn München-Ingolstadt eine Durchschnittsgeschwindigkeit von 79 km/h – Weltrekord in der Klasse bis 50 ccm.

Zündapp

Der legendäre Motorradhersteller Zündapp, schon vor dem Ersten Weltkrieg als Rüstungshersteller gegründet und auch als Nähmaschinenbauer geschätzt, stieg nach 1945 erst spät, nämlich 1953, ins Geschäft mit kleinen Zweitaktmotoren ein. Sein ab Anfang 1953 angebotener „Combimot KM 48“ war, wie der Name andeutete, für die verschiedensten Einbaumöglichkeiten geeignet, unter anderem auch als Fahrrad-Hilfsmotor mit Ketten- oder Riemenantrieb, und über dem Vorderrad, am Tretlager oder neben dem Hinterrad positioniert. Er galt als sehr leistungsfähig und qualitätvoll, kam aber vor allem als Moped-Motor bei Zündapp selbst und anderen Herstellern zum Einsatz. Der Verkauf als Fahrrad-Hilfsmotor erreichte bei Weitem nicht die Zahlen von Triebwerken wie Rex oder Victoria, denn er erschien viel zu spät auf dem Markt.

Max Seyffer geht zu ILO

Für Max Seyffer begann nach dem Ausscheiden aus dem Rex-Motoren-Werk eine neue Karriere. Aufgrund seiner Erfahrungen und Verdienste bei der Entwicklung von Zweitaktmotoren trat der Inhaber der ILO-Werke in Pinneberg, Diplom-Ingenieur Heinrich Christiansen, mit einem verlockenden Angebot an ihn heran. Deren Erfolge hatten sich in der Zeit des Wirtschaftswunders so gesteigert, dass die Einrichtung eines Zweigwerks notwendig wurde. Das 1911 in Pinneberg bei Hamburg gegründete Unternehmen beschäftigte 1950 bereits rund 1.500 Mitarbeiterinnen und Mitarbeiter. So wurde nach mehreren Besuchen Seyffers und Kolbs in Pinneberg im selben Jahr aus der „Seyffer-Fertigungsgesellschaft mbH“ das „Süddeutsche ILO-Werk“. In der Moosacher Straße in München entstand ein moderner Fertigungsbetrieb und Seyffer produzierte dort bald gemeinsam mit Kolb die begehrten Einbaumotoren in hohen Stückzahlen. Schon Mitte der 1950er

Pensionär Max Seyffer mit seinem selbst entwickelten Fahrrad mit Elektro-Antrieb, 1970er Jahre.

Der erste Prospekt für das neue Rex Motor-Fahrrad vom Oktober 1951. Abgebildet ist auch das neue Rex-Werk München noch ohne Bürotrakt.

Jahre war ILO zum größten Hersteller von Zweiradmotoren in Deutschland aufgestiegen.

Max Seyffer blieb auch weiterhin seiner Liebe zur Fliegerei treu und stieg bald wieder zusammen mit seiner Frau mit einer neuen „Piper" in die Lüfte.

1957 übernahm die amerikanische „Rockwell Manufacturing Company" aus Pittsburgh das ILO-Werk, das fortan unter dem Namen „ILO Rockwell GmbH" firmierte. Da der Markt zusammengebrochen war, wurde 1959 die Herstellung von Motorrad- und Roller-Motoren eingestellt. Die Produktion von Mofa- und Moped-Motoren wurde aber im Zweigwerk in München fortgeführt. Seyffer hatte seine Anteile am ILO-Werk schon 1958 verkauft, blieb aber bis 1965 als Geschäftsführer und Technischer Direktor dort beschäftigt. 1968 endete dann auch die Motorenproduktion bei ILO in München.

Ein Jahr später gab Max Seyffer aus Altersgründen die Fliegerei schweren Herzens auf, doch ließ ihn die Idee von der Motorisierung des Fahrrads immer noch nicht los. Zusammen mit seinem Sohn Dieter arbeitete er an der Entwicklung eines modernen, elektrischen Hilfsmotors und baute verschiedene Prototypen. Doch allmählich ließen die Kräfte eines erfüllten Lebens nach und am 13. Oktober 1978 verstarb der „Vater des Rex-Motors" in München im Alter von 81 Jahren.

Pferde und Pferdestärken

Sehr bald zeigte sich nun, dass Kurt Bagusats erwachte Liebe zum Pferdesport auch geschäftlich sehr von Nutzen sein konnte. Er war seit 1948 förderndes Mitglied des exklusiven Reitsportclubs Possenhofen und mittlerweile dort zum Geschäftsführer aufgestiegen. Zudem hatte er in kürzester Zeit ein erstaunliches Talent für das Springreiten und die Pferdezucht entwickelt und damit begonnen, mit seinen beiden Lieblingspferden, Lenzo und Vitania, an Reitsportveranstaltungen im In- und Ausland teilzunehmen – und das mit beachtlichem Erfolg.

War das neue Rex-Motoren-Werk in München nunmehr mit hohem Aufwand an Maschinen und Personal in eine moderne Produktionsstätte für die Massenherstellung kleiner Zweitaktmotoren verwandelt worden, so warteten durch den geplanten Einstieg in die Fertigung kompletter Fahrzeuge große Herausforderungen auf das Unternehmen. Das Geschäft lief so gut, dass eine deutliche Ausweitung der Fabrikationsfläche erneut unumgänglich wurde, jedoch war das Werk in München nicht entsprechend ausbaufähig. Da wurde Kurt Bagusat auf eine Immobilie aufmerksam, in deren unmittelbarer Nähe er seiner neuen Leidenschaft, dem Reitsport, nachgehen konnte – Schloss Possenhofen. Denn neben dem kleinen Schloss und der zugehörigen Kapelle befand sich ein großer Wirtschaftsbau, zwar in schlechtem Zustand und teilweise schon genutzt, aber mit viel Platz und Potenzial.

Das Schloss Possenhofen wurde 1536 als Nachfolgebau einer früheren Holzkonstruktion errichtet und diente zahlreichen bayerischen Herrschern als Jagd- und Sommerresidenz. 1834 ging es in den Besitz von Herzog Max in Bayern über, erfuhr weitgehende Umbauten und die Ergänzung in Form des sogenannten Hufeisenbaus, eines großzügigen Wirtschaftsgebäudes in Hufeisenform westlich des Schlosses. Das Schloss war im Sommer Lieblingssitz der herzoglichen Familie und Kaiserin Elisabeth „Sisi" von Österreich war oft dort zu Gast. Nach dem Ersten Weltkrieg diente das Schloss in den 1920er und 30er Jahren als Erholungsheim für Kinder, 1940 wurde es an die Nationalsozialistische Volkswohlfahrt zur Schaffung eines Müttergenesungs- und Kinderheims veräußert, jedoch wenig später von der Luftwaffe zur Ausbildung von Sanitätseinheiten genutzt. Auf der oberen Schlosswiese wurden zahlreiche Wohnbaracken und ein Versorgungskrankenhaus für Hunderte schwer Kriegsversehrte errichtet. Nach Kriegsende wurde daraus ein von der US-Besatzungsmacht genutztes Lazarett für Kriegsgefangene und KZ-Opfer und ab Sommer 1946 ein staatliches Versehrtenkrankenhaus. Im Hufeisenbau des Schlosses waren nun nicht nur Personalräume, Krankensäle und ein OP-Bereich untergebracht, sondern auch elf Flüchtlingsfamilien.

1948 übernahm der Freistaat Bayern als Rechtsnachfolger des Deutschen Reichs die gesamte Anlage, doch die Situation der Versehrten und Vertriebenen in den maroden Gebäuden verschlimmerte sich zusehends. Schließlich standen das Schloss mit allen Nebengebäuden und 22 Hektar Grund zum Verkauf und wurden 1950 von der „Prießnitz'schen Kuranstalt" erworben. Deren Nutzungsvorhaben scheiterte jedoch und am 3. November 1950 gingen Schloss und zugehörige Ländereien für einen relativ geringen Betrag an die Brüder Erich und Kurt Bagusat. Anfangs firmierten sie unter der Bezeichnung „Erholungsstätten G.m.b.H., München".

Unter der Regie der Brüder Bagusat wurde nun ein großer Teil des Erdgeschosses des Hufeisenbaus in eine Produktionsstätte für Mopeds umgebaut, der Innenhof wurde als Lager- und Montagehalle überdacht und in einem Flachbau oberhalb der Versehrtenbaracken wurde die Lackiererei und die Galvanisierung eingerichtet. Rund die Hälfte des Gebäudes und auch das kleine Schloss selbst wurde immer noch von zahlreiche Flüchtlingsfamilien unter eher prekären Umständen bewohnt. Am 30. Januar 1952 erfolgte dann die Gewerbeanmeldung und die Inbetriebnahme der Fahrzeug-Montage und -Fertigung. Auf späteren Ausstellungen wurde der Name der Produktionsstätte dann als „Rex-Motoren-Werk E. und K. Bagusat, Zweigbetrieb Possenhofen" angegeben.

Bald verließen schon die ersten Mopeds, damals noch „Motor-Fahrräder" oder „Mofas" genannt (die Bezeich-

Links: Der Stand des Rex-Zweigwerks Possenhofen 1952 auf einer Gewerbeausstellung in Starnberg. Rechts der Ehrengast Kronprinz Rupprecht von Bayern.

Rechts: Umbauarbeiten am hufeisenförmigen Nebengebäude von Schloss Possenhofen für die spätere Mopedproduktion, 1951/52.

Der bescheidene Messestand von Rex in Starnberg, 1952. Das Motor-Fahrrad rechts wurde bereits in Possenhofen montiert.

Oft erschien der leidenschaftliche Springreiter Kurt Bagusat in der Sportpresse, wie hier als Sieger bei einem Turnier in Traunstein Anfang der 1950er Jahre.

Kurt Bagusat aus Tutzing dreifacher Sieger

beim Traunsteiner Reit- und Springturnier — Glänzende Leistungsschau der deutschen Reiter und der heimischen Pferdezucht

Namhafte Reiter und auch namhafte Pferde waren aufgeboten, um dieser Sportart bei uns neue Freunde zu schaffen und deshalb hatte sich auch schon am Samstagnachmittag, als der Protektor des Turniers, Oberbürgermeister *Kößl*, die Veranstaltung eröffnete, der ESV-Platz dicht mit Zuschauern gefüllt. Gleich beim Jagdspringen der Klasse L, das über eine etwa 400 m lange Bahn, mit 12 bis zu 1.20 m hohen Hindernisse führte, zeigte Herr Kurt *Bagusat*, Tutzing, der zusammen mit Altmeister Lange, Graf v. d. Schulenburg, E. v. Neindorff und Herrn Paulat zur Spitzenklasse unserer deutschen Reiter gehört, daß er sich für dieses Turnier sehr viel vorgenommen hat. Mit spielerischer Leichtigkeit flog er mit „Lenzo" über alle Hindernisse hinweg und überwand die Zwischenstrecken in bestechendem Galopp. Mit 0 Fehlern und 66 Sek. gelang ihm damit der erste Sieg. Auch Gräfin v. d. Schulenburg auf „Jupiter" kam fehlerfrei über die Strecke und war nur 2 Sek. langsamer als der Sieger, den 3. Platz belegte Graf v. d. Schulenburg, der zwar mit 62 Sek. der Schnellste war, „Arno" nahm aber ein Hindernis mit und bekam dadurch 4 Fehler angerechnet. Eine sehr gute Zeit ritt auch Frl. Marita Woerner auf „Gerlinda" mit 64 Sek. und 4 Fehlern.

Herr Kurt Bagusat, Tutzing, der erfolgreichste Reiter dieses Turniers

Sehr geehrter Geschäftsfreund !

Zur schnellen und gewissenhaften Erledigung von Teile-Aufträgen wollen auch Sie bitte durch freundliche Beachtung nachstehender Punkte beitragen:

1. Sorgfältige Bezeichnung der zu bestellenden Teile mit klaren Angaben über Modell, Fahrgestell- und Motornummer, sowie Farbe; nicht nur die Bestellnummer, sondern auch den Gegenstand angeben.
   Sie können in Zweifelsfällen defekte Teile unter Beifügung eines Begleitschreibens als Muster an uns einschikken. Übrigens sollte jeder Sendung von Teilen oder dergleichen an uns ein entsprechendes Schreiben beigelegt werden.
2. Bitte vergessen Sie nicht die Stückzahl anzugeben.
3. Zur besseren Bearbeitung sind Teile-Aufträge vom sonstigen Schriftwechsel zu trennen.
4. Beim Fehlen entsprechender Hinweise über Versandart im Auftrag erfolgt Versand nach unserem Ermessen. Schreiben Sie stets die Bahnstation vor.
5. In Garantiefällen defekte Teile franko unter Beifügung der Garantiekarte einsenden. Garantie erstreckt sich nur auf den Ersatz von Teilen, nicht auf Löhne, Fracht- und Verpackungskosten.
6. Wenn Rückgabe der eingesandten defekten Teile verlangt wird, bitten wir dieses anzugeben, da sonst Verschrottung erfolgt.
7. Eventuelle Reparaturen werden billigst berechnet. Kostenvoranschläge nur auf ausdrücklichen Wunsch.
8. Wie allgemein üblich, erfolgen Teile-Lieferungen und Reparaturen aus Gründen der Vereinfachung und Erleichterung gegen sofortige Bezahlung oder gegen Nachnahme. Skonto wird nicht gewährt.
9. Die Bruttopreise dieser Liste sind freibleibend, ab Werk, ausschließlich Verpackung. Berechnung erfolgt zu den am Versandtag gültigen Preisen und Bedingungen.
10. Änderungen, die sich in der Fabrikation ergeben, behalten wir uns vor.
11. Gültigkeit dieser Liste ab April 1958.
12. Erfüllungsort für beide Teile ist Braunschweig.

"Rex" Moped-Verkauf GmbH.
Braunschweig

Oben links und rechts: Die Panther-Werke in Braunschweig belieferten Rex nicht nur mit Rahmen für verschiedene Mopeds, sondern fungierten auch als Vertriebspartner.

Unten: Leider existiert nur diese Außenansicht des Rex-Zweigbetriebs Schloss Possenhofen. Rechts im Bild ein werkseigener Lkw für den Transport von Teilen und Fahrzeugen.

nung „Moped" wurde erst Anfang 1953 eingeführt), das Werk Possenhofen. Zunächst handelte es sich noch um sehr einfache Fahrzeuge mit verstärkten Fahrradrahmen – anfangs von „Patria WKC" und ab 1953 von der „Panther Fahrradwerke AG" aus Braunschweig geliefert –, die jedoch rasch weiterentwickelt wurden und bis Ende der 1950er Jahre am hart umkämpften Markt durchaus erfolgreich waren. Ab ca. 1954 baute man die Rohrrahmen für Mopeds nach Panther-Muster einige Zeit selbst, doch bereits 1956 übergab man diese Aufgabe wieder an Panther in Braunschweig, wo dann auch alle späteren Rex-Mopedrahmen und -fahrgestelle gefertigt wurden. Zusätzlich gab es in Braunschweig eine „Rex-Moped-Verkauf GmbH", die den Vertrieb von Rahmen-Ersatzteilen übernahm. Im Jahr 1953 wurde das Barackenlager, das 14 Gebäude umfasste, aufgelöst und zum größten Teil abgebrochen. Ab dem 27. Oktober 1954 firmierte man dann unter der Bezeichnung „Schloss und Gestüt Possenhofen E. & K. Bagusat G.m.b.H.".

Die Brüder Bagusat hatten eine bedeutende Summe in den Umbau und die Einrichtung des „Hufeisenbaus" in-

Oben: VW „Bully"-Transporter des Rex-Generalvertreters K. Mayer in Augsburg mit auffälliger Werbebeschriftung. Rechts davon, das Heck der Mercedes-Limousine der Rex-Geschäftsleitung.

Links: Vor dem Haupteingang des Rex-Werks München steht der werkseigene Lkw für den Transport von Material und Personen zwischen den Werken München und Possenhofen.

vestiert. Die Motoren wurden aus dem Rex-Werk in München per werkseigenem LKW vom Fahrer Möller angeliefert und Rahmen, Blechteile und andere Bauteile, wie die Elektrik, Ketten, Lager, Chrom- und Anbauteile, wurden bei Zulieferern eingekauft.

Die Belegschaft beider Werke stieg im selben Maße wie die Produktion und zur Jahreswende 1953/54 wurde an das Motoren-Werk in München ein dreistöckiger Stirnbau angefügt, der künftig den Empfangsbereich, die Konstrukti-

Rechts: Zum Besitz der Brüder Bagusat gehörte neben Schloss Possenhofen dieser weitläufige Parcours für Reitsportveranstaltungen mit Preisrichter-Turm.

Unten: Kurt Bagusat mit seinen Lieblingspferden Lenzo und Vitania.

onsbüros und in einer Etage auch die Wohnungen der Brüder Bagusat und ihrer Familien beherbergte. Rund zwei Jahre wohnten die Bagusats gleich neben der Motorenfertigung – aufgrund der Lärmbelästigung und des geschäftigen Treibens in der Fabrik sicher kein Idealzustand, doch auch hier wurde bald Abhilfe geschaffen.

In Possenhofen hatte Kurt Bagusat mittlerweile seinen Traum von einem eigenen Gestüt für den Pferdesport verwirklicht. In einem hölzernen Anbau des „Hufeisenbaus" gab es ausgedehnte Stallungen und Unterkünfte für Pferdepfleger, eine Reithalle wie zu Kaiserin Sisis Zeiten und auf den ausgedehnten Weiden der zum Schloss gehörenden Ländereien am Ufer des Starnberger Sees tummelten sich edle Rassepferde. Ein Parcours mit Schiedsrichterturm für Turniere in Dressur, Springreiten, und Fahrsport war entstanden und wurde für zahlreiche Veranstaltungen genutzt.

Auf diesem Areal, etwas erhöht und mit herrlichem Blick über Pferdekoppeln und See, ließen die Brüder Bagusat eine großzügige Villa mit Schwimmbad errichten, die ab 1957 der Familie von Erich Bagusat als standesgemäßes Domizil diente, während die Familie von Kurt Bagusat im ersten Stock eines renovierten Flügels des „Hufeisenbaus" wohnte.

In diesen besten Jahren des Unternehmens Mitte der 1950er Jahre bestand die Belegschaft der Werke aus bis zu 900 Personen und Monat für Monat verließen Tausende Motoren und Mopeds die Fabrik, während Kurt Bagusat erfolgreich Pferdezucht und Pferdesport betrieb und unter anderem Deutscher Meister im Geländesport wurde.

Zeitzeugen

Einen interessanten Einblick in die damalige Zeit stellen die Erinnerungen von Peter Fenkl und Peter Glas dar, die als Jugendliche die Aktivitäten um Schloss Possenhofen hautnah miterlebten.

Peter Fenkl:

„Meine Eltern, Vater Paul und Mutter Maria, waren Heimatvertriebene aus dem Sudetenland und kamen über Umwege 1947 schließlich nach Possenhofen.

Vater Paul Fenkl war Orthopädiemechanikermeister und bekam sogleich eine Anstellung im Versehrtenkrankenhaus oberhalb von Schloss Possenhofen. Dieses bestand aus 14 Lazaretthäusern, wo schwerverletzte, teil- und mehrfachamputierte Soldaten behandelt und versorgt wurden. Mein Vater fertigte für diese Kriegsversehrten alle Arten von Prothesen. 1949 kam ich zur Welt.

Wir hatten eine Wohnung im Sisi-Schloss und ich bekam ein Zimmer ganz oben in einem der Türmchen. Die Wohnverhältnisse waren jedoch eher schwierig, es mangelte an Heizung und sanitären Einrichtungen.

Nach der Übernahme von Schloss Possenhofen samt weitläufiger Ländereien durch die Brüder Erich und Kurt Bagusat und Schließung des Lazaretts arbeitete mein Vater zunächst als Nachtwächter im neuen Rex-Werk München, Forstenrieder Straße 73. Meine Mutter erhielt einen Arbeitsplatz in der Moped-Produktion. Die Moped-Produktion fand folgendermaßen statt: Der Innenhof des Hufeisenbaus war überdacht und wurde hauptsächlich als Teilelager verwendet. Die Motoren wurden aus der Fabrik in München bezogen, Herrmann Moeller fuhr den Rex-Werks-Lkw zwischen München und Possenhofen. Die Moped-Rahmen wurden im Flachbau oberhalb des Schlosses galvanisiert und lackiert und dann zum Hufeisenbau transportiert. In einer Art Bandmontage erfolgte dann der Zusammenbau der Mopeds innerhalb des Gebäudes im Erdgeschoss des Ost- und Südflügels, während sich im Westflügel und teilweise im ersten Stock Büros befanden. Im oberen Stockwerk wohnten ansonsten Vertriebene, ebenso elf Familien im Schloss selbst.

Für uns Kinder dort waren das Schloss und Umgebung ein herrlicher Abenteuerspielplatz, es gab auch gemeinsame Spiele mit den Bagusat-Kindern, doch wirkliche Freundschaften entstanden dadurch nicht, zu groß blieben stets die Standesunterschiede. Allerdings durfte ich nicht selten schon als Bub fabrikneue Rex-Mopeds ‚Probe fahren'.

In Possenhofen gab es sogar eine werkseigene Rex-Fußballmannschaft, die von meinem Vater trainiert wurde und in der auch Rex-Lkw-Fahrer Moeller spielte. Später wechselte Vater dann die Stellung und wurde Portier im Rex-Werk Possenhofen bis zu dessen Schließung 1963/64.

Erich Bagusat und seine Familie, zunächst wohnhaft in einer Etage des neuen Fabrik- und Verwaltungsgebäudes in München, zogen ab Mitte der 1950er Jahre in eine herrschaftliche, neu gebaute Villa mit Swimmingpool nicht weit vom Schloss mit herrlichem Blick auf die Pferdekoppel und den Starnberger See. Sein Bruder, der die Geschäfte leitete, wohnte im Hufeisenbau. In ihren besten Zeiten hielten die Bagusats bis zu hundert Turnierpferde auf den Weiden um das Schloss. An der Ostseite des Schlosses waren Wohnungen für die Betreuer der Pferde angebaut. Ferner gab es auf dem weitläufigen Gelände großzügige Stallungen und einen privaten Sportplatz für Springreit-Veranstaltungen und Fußballspiele.

Nach dem deutlichen Rückgang des Moped-Geschäfts ab Anfang der 1960er Jahre mussten die Brüder Bagusat schließlich 1963 diesen Geschäftszweig aufgeben und die Moped-Montage im Schloss Possenhofen wurde beendet. Schon kurz zuvor hatte man freie Kapazitäten durch einen Großauftrag der Bundeswehr für Stockbetten genutzt, danach änderten die Brüder Bagusat ihre Aktivitäten im Schloss Possenhofen und begannen mit der Herstellung von eingelegten Früchten für die Süßwarenindustrie.
1965 heiratete Erich Bagusats Tochter Christina den bekannten Weltrekord-Sprinter Armin Hary in der Schlosskapelle mit großem Aufmarsch an Prominenz, wie die Sportler Heinz Fütterer und Manfred Germar.

Peter Fenkl als kleiner Junge auf „Testfahrt“ mit einem neuen Rex Motor-Fahrrad.

Die Rex-Werks-Fußballmannschaft mit Peter Fenkls Vater (rechts) als Trainer.

1967 mussten wir Heimatvertriebenen das Schloss Possenhofen wegen Baufälligkeit räumen. Die meisten Familien wurden in eine Neubausiedlung in Pöcking umgesiedelt.“

Peter Fenkl wohnt dort noch heute.

Peter Glas:

„Mein Großvater Josef Glas war Schlossgärtner und als ich klein war, hatten meine Eltern einen Bauernhof neben dem Schloss und waren Pächter von einem Teil der Schlosswiesen, wo ich als Kind noch Kühe hütete. 1949 gab mein Vater die Landwirtschaft auf und eröffnete ein Jahr später einen kleinen Lebensmittelladen im Haus. Der Fabrikant und Reiter Kurt Bagusat mietete wenig später die alten Stallungen des Hofs sowie die großen, ehemaligen Wehrmachtsgaragen auf dem Schlossgelände für seine Pferde.

Der Reiter Kurt Bagusat und seine Frau und Kinder hatten eigentlich keinen Kontakt zu den einfachen Leuten im Dorf, aber sein Bruder Erich Bagusat und Familie waren durchaus beliebt und kauften sogar in unserem Kaufladen ein.

Die Mopeds wurden auch manchmal direkt ab Werk Possenhofen verkauft und als junge Burschen träumten wir alle von so einer ‚Rex‘. Mitte der 1950er Jahre kaufte ich dort auch mein erstes, einfaches Moped und später eine schicke, zweifarbige ‚Como‘ und natürlich versuchten wir Burschen, die auch schneller zu machen.

Die Bagusats und ihre Verwandten ritten noch bis in die 1970er Jahre auf den Schloss-Ländereien und nach dem Ende des Mopedbaus wurden dort Weinbrandfrüchte hergestellt und später zogen ein Möbelhersteller und eine Zerreißwollfabrik ein, die Putzwolle herstellte, aber das Gebäude verfiel immer mehr.“

Peter Glas wohnt noch heute neben dem Schloss im umgebauten Stall des ehemaligen Bauernhofs.

Doch nicht nur die einheimischen jungen Burschen in Possenhofen und Pöcking träumten vom Besitz eines schicken Rex-Mopeds. Kurt Bagusats Söhne Bernd und Thomas, obschon längst auch begeisterte Reiter, gehörten natürlich auch zu den gelegentlichen „Testfahrern“ auf den beschaulichen Wegen rund um das Schloss, woran sich Bernd Bagusat, der heute noch einige Rex-Fahrzeuge besitzt, gern erinnert:

„Um das Jahr 1956/57, ich war gerade mal 14 Jahre alt, wollte ich endlich auch offiziell zu den Fahrern des damals ungemein schicken Rex-Sport-Mopeds gehören und bedrängte meinen Vater so lange, bis er mir bestätigte, dass ich für meinen langen Schulweg auf die Nutzung eines Mopeds angewiesen war. So durfte ich schließlich, obwohl ich noch viel zu jung war, die Prüfung für eigentlich 16-Jährige absolvieren, die ich dann tatsächlich auch bestand.“

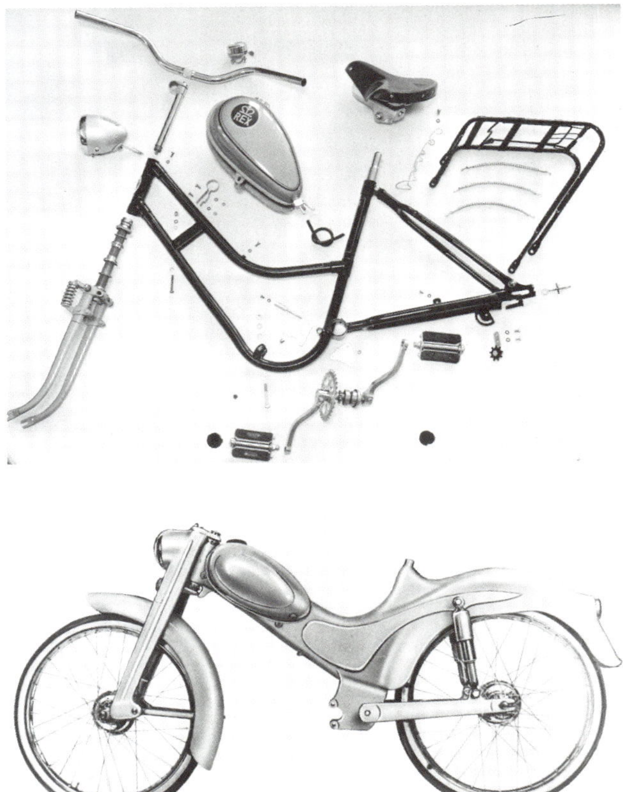

Links: Stolz präsentiert 1955 die Fachzeitschrift „Das Moped“ das neue Rex 2-Gang-Moped.

Rechts: Rahmen mit Anbauteilen für Rex-Mopeds, geliefert von den Panther-Werken, Braunschweig.

Unten: Traum aller „Halbstarken“ Mitte der 1950er Jahre: Das Rex Sport-Moped, hier als Werksfoto.

Erfolg mit Mopeds

Mittlerweile hatte man das Angebot an Mopeds – diesen Begriff hatte kurioserweise Max Seyffer bei einem Wettbewerb 1952/53 geprägt – erweitert, um den wachsenden Ansprüchen der Kunden und der inzwischen enorm angewachsenen Konkurrenz etwas entgegensetzen zu können. Die ab 1952 in Possenhofen in Serie gebauten Motor-Zweiräder basierten immer noch auf stabilen Fahrradrahmen, die Rex aber – wie schon erwähnt – aufgrund fehlender Produktionseinrichtungen bei anderen Herstellern einkaufen musste. So lieferten Fahrradfirmen wie „Patria WKC“ und „Panther Fahrradwerke AG“ für die Rex-Mopeds Tausende Rohrrahmen nach Possenhofen, wo diese dann lackiert und mit der hauseigenen Technik komplettiert wurden. In Ermangelung eines geeigneten Maschinenparks für diesen Zweck entwickelte Rex auch zusammen mit den Panther-Werken in Braunschweig Rohrrahmen und Blechpressteile für die späteren Modelle. In der Panther-Fabrik entstanden auch die meisten Rohbauteile für Rex-Mopeds,

Aktennotiz

Betrifft: Abweichungen am Como-Luxus in Schweden-Ausführung

Rahmen:	Am Bügel für Nummernschildbefestigung wird ein Schmutzfänger befestigt, dazu muss ein zusätzlicher Winkel hergestellt werden.
Schriftzug:	RMW (rund) am Tank und RMW (oval) am Rahmen für links und rechts.
Vorderradgabel:	Aussparung und Ovalloch für Schloss anbringen.
Typenschild:	Typenschild fällt fort, dafür Typenschild aus Schweden am Rahmenschutzblech links anbringen.
Schnarre:	Wird mitgeliefert.
Schwingbügel:	Ohne Schlosshülse und Dornaufnahmerohr fertigen.
Lenker:	Am Lenker entfällt Steckschloss und Aufnahmerohr
Schloss:	Dom 228/4 schwedische Ausführung am Steuerrohr des Rahmens anbringen.
Bowdenzüge:	Nach Muster anfertigen.
Auspuffanlage:	Rohrkrümmer wird länger, bekommt eine Aussparung und liegt am Dämpfer an. Verbindung mittels Schelle, Dämpfer schlitzen.
Gasgriff:	Loch für Steckschloss entfällt.
Düse für Ansaugdämpfer:	Durchmesser verkleinern.
Scheinwerfer:	Hella 1oo SE 4 Sp-K 198.
Rücklicht:	Von Fa. Segerström Sp-G 171/3 W.
Abblendschalter:	Hella 41/23.
Kabelsatz:	Nach Muster anfertigen, für Scheinwerfer zum Schalten und für Motor zum Schalten.
Sitzbank:	Von der Firma Denfeld weinrot anstelle von Guiliari.
Fussrasten:	Für Beifahrer entfallen.
Gepäckträger:	Vom Moped Monaco mit geänderter hinterer und vord. Befestigung.

München, den 14.3. 1962
BÜ/Ul.

Verteiler:

Oben: In Schweden wurden die Rex-Mopeds vom Generalimporteur AB INDOMA unter der Marke RMW (Rex-Motoren-Werk) mit verschiedenen Modifikationen vertrieben.

die dann später im Rex-Zweigwerk Possenhofen weiterbearbeitet, galvanisiert und lackiert wurden. Zudem wurde in Braunschweig eine Vertriebsfirma gegründet, die die Interessen des Rex-Motoren-Werks wahrnahm und sogar eigene Werbeprospekte verteilte.

Auf diese sehr einfachen, zunächst noch als „Mofa" oder „Motor-Fahrrad" bezeichneten, im Volksmund wegen ihres länglichen Tanks „Flaschen-Rex" genannten Mopeds folgten ab 1955 modischere, mit Blechen verkleidete Varianten mit modernen und stabilen Rahmen und einem völlig neu konstruierten 2-Gang-Motor der 50 ccm-Klasse. Bald gab es auch noch besser ausgestattete „Luxus"-Modelle, sogar mit drei Gängen und 1955/56 dann ein schickes, hochmodisches Sport-Moped, „Radi" genannt. Rahmen und Blechteile dieses bei Jugendlichen ungemein gefragten Modells in schwarz-roter Lackierung wurden im Auftrag von Rex in Italien gefertigt und in Possenhofen montiert. Auch die meisten Konkurrenten auf dem Moped-Markt boten solche extrem schmal und leicht gebauten, filigranen „Renner", oft mit kleinen Rennscheiben, an. Natürlich liefen diese Sportvarianten auch nicht viel schneller als die in dieser Klasse gesetzlich erlaubten 40 km/h, aber manch findiger Motorenbastler entlockte dem Rex-Motor durch Modifikationen (andere Vergaser,

Rechts: Werbeaufnahmen für das Rex Como-Moped mit den berühmten Kessler-Zwillingen im Park von Schloss Nymphenburg.

höhere Verdichtung oder andere Antriebsritzel) ein deutliches Plus an Kraft und Geschwindigkeit und nicht selten flitzte den verdutzten Autofahrern dann ein „Halbstarker" mit 60 km/h und mehr vor der Nase herum.

Andererseits bot Rex natürlich ab Mitte der 1950er Jahre auch sehr komfortable Mopeds wie die Modelle „Como" oder „Riva" an, die mit modischer Farbgebung und bequemen Sitzbänken auch das weibliche Geschlecht verführen sollten. Unter anderem konnte Rex für die Werbung für diese Modelle sogar internationale Stars, wie die legendären Kessler-Zwillinge, gewinnen. Während das Geschäft mit Mopeds blühte, gingen natürlich die Verkäufe des immer noch angebotenen Hilfsmotors rapide zurück.

Inzwischen hatte man auch das Exportgeschäft ausgebaut. Es gab vereinzelte Lizenzen in Großbritannien, Italien und Schweden, Sondermodelle für den Schweizer Markt und sogar ein Modell für den Export nach Persien, von dem allerdings keine Details überliefert sind. Sogar die USA wurden als Absatzmarkt angepeilt: Es wurden USA-Modelle entwickelt und schließlich engagierte man einen offiziellen Rex-Repräsentanten in Salt Lake City im Mormonenstaat Utah. Selbst in Deutschland wurden Rex-Motoren an Kleinhersteller geliefert, wobei jedoch streng darauf geachtet wurde, sich nicht selbst Konkurrenz zu machen, sodass es bei einigen wenigen Geschäften dieser Art, wie mit der Schwarzwälder Firma MOD oder Herstellern von Versehrtenfahrzeugen, blieb.

Doch es gab auch Rückschläge wie eine wachsende Zahl von Diebstählen in der Münchner Fabrik. Hier wurden in dunklen Wintermonaten zahlreiche neue Motoren von werksinternen Dieben einfach aus dem Fenster auf die darunterliegende Wiese geworfen, wo sie unversehrt landeten und später bei Nacht und Nebel von Komplizen eingesammelt werden konnten. Polizeiliche Ermittlungen vor Ort machten dem Unwesen schließlich ein Ende und kosteten einigen Mitarbeitern die Stellung. Aber es sollte noch dramatischer kommen.

Der Spiegel-Artikel

Aufgrund der sehr erfolgreich laufenden Geschäfte erschufen die Brüder Bagusat bald ein Firmenimperium, nicht zuletzt mit dem Ziel, Steuern zu sparen. So gab es nun zwei Baugesellschaften, die „Rex-Wohnbaugesellschaft" und die „Bagusat Wohnbaugesellschaft" – Inhaberinnen waren die Ehefrauen der Bagusat-Brüder –, sowie eine Vertriebsfirma für Rex-Motoren und -Mopeds, die offiziell von Kurts und Erichs Großmutter Frieda geführt wurde. Zudem gab es eine „Schloß- und Gestüts-GmbH E. und K. Bagusat", welche den „Hufeisenbau" von Schloss Possenhofen offiziell an das Rex-Motoren-Werk vermietete. Ein Paragraf des Einkommensteuergesetzes begünstigte dabei die Wohnbaugesellschaften in besonderem Maße.

Eine mehrere Monate dauernde Steuerprüfung des Finanzamts endete schließlich im Sommer 1956 damit, dass die Brüder Bagusat dem Staat Einkommensteuern in Höhe von rund drei Millionen DM schuldeten. Am 10. Juli erschienen ein Dutzend Vollstreckungsbeamte in der Forstenrieder Straße 73 und pfändeten Forderungen der Firma an ihre Kunden sowie Grundbesitz und Immobilien im Wert von 1,5 Millionen DM. Der restliche Betrag war bis zum 31. Januar 1957 fällig. Nach langen Verhandlungen erklärten sich schließlich auch die Hauptgläubiger des Unternehmens bereit, das Rex-Motoren-Werk durch Zahlungsaufschübe zu entlasten, und das Problem wurde gelöst.

Doch das Finanzamt hatte auch Bedingungen gestellt und so mussten die Brüder Bagusat nun ihre Aktivitäten und Investitionen in Pferdezucht und Reitsport deutlich reduzieren. Wertvolle Tiere wurden verkauft und die Zucht weitgehend eingestellt. Kurt Bagusat trat fortan kaum mehr bei Pferdesportveranstaltungen öffentlich auf, anders als seine Söhne Bernd und Thomas, die sich bald sehr erfolgreich diesem Sport widmeten.

Im September 1956 brachte das kritische Magazin „Der Spiegel" einen längeren Artikel zu diesen Vorkommnissen und sparte dabei nicht mit leicht hämischen Anspielungen auf das angebliche „Herrenreitergehabe" der Bagusats. Andererseits war das Unternehmen damals auf dem Höhepunkt seines wirtschaftlichen Erfolgs und kaum in der Gefahr, finanziell in ernsthafte Bedrängnis zu kommen.

Der Anfang vom Ende

Nach einem fantastischen Boom der 50 ccm-Klasse in den 1950er Jahren schwand das Interesse an Mopeds Ende des Jahrzehnts relativ schnell. Neue Bestimmungen verlangten für solche Zweiräder einen Führerschein und zudem fielen die meisten Profiteure dieses Booms rasch einem enormen Konkurrenzkampf unter den deutschen Herstellern zum Opfer. Motorisierte Zweiräder vom Moped bis zum schweren Motorrad wurden durch eine wachsende Zahl erschwinglicher Kleinwagen überflüssig. „Wetterschutz, ein Dach über dem Kopf" war jetzt Bedingung für Motorfahrzeuge, waren sie auch noch so klein und primitiv – Kabinenroller wie Messerschmitt, BMW Isetta und das Goggomobil waren jetzt die Gewinner. Von über 50 deutschen Moped-Herstellern blieb bald kaum ein halbes Dutzend übrig, darunter aber immer noch Rex.

Die Brüder Bagusat erkannten diese Entwicklung frühzeitig und zogen sich daher 1959 für viele überraschend aus dem Geschäft zurück. Das „Rex-Motoren-Werk E. und K. Bagusat" wurde am 1. April 1959 verpachtet und in „Rex Motoren GmbH" umbenannt. Fortan stand das Werk unter der Leitung des Unternehmers Ernst Hutzenlaub, Mitinhaber der Lindauer Patentverwaltungsgesellschaft „Wankel GmbH" von Motorenerfinder Felix Wankel.

Schon 1956 hatten sich die Bagusats ein weiteres Standbein in einem völlig anderen Bereich geschaffen. Seither betrieb man eine Fabrik in Hall/Österreich zur Herstellung von in Weinbrand eingelegten Früchten für die Schokoladenindustrie – damals ein Verkaufsschlager –, die ein paar Jahre später nach Berlin verlegt wurde, geführt von den Söhnen Kurt Bagusats, Bernd und Thomas. Nach dem Ende der Moped-Produktion 1963/64 bekam das neue Unternehmen eine zeitweilige Dependance in den Produktionsräumen beim Schloss Possenhofen. Noch heute

Oben: Hübsche Models gehörten natürlich dazu, um Rex-Mopeds, hier die neue „Monaco", noch attraktiver zu machen.

Rechts: 1959 zogen sich die Brüder Bagusat aus der Geschäftsleitung zurück, dokumentiert durch dieses Rundschreiben. Es entstand die „Rex-Motoren-Werk GmbH".

An unsere Herren Geschäftsfreunde!

München, den 31. März 1959

Sehr geehrte Herren!

Wir unterrichten Sie davon, daß wir unsere Werke München und Possenhofen zum 1. April 1959 an die Rex-Motoren-Werk GmbH langfristig verpachtet haben.

Unsere offene Handelsgesellschaft Rex-Motoren-Werk E. & K. Bagusat wird künftig firmieren: „E. & K. Bagusat".

Wir bleiben Eigentümer der verpachteten Mobilien und Immobilien; an der neuen Firma Rex-Motoren-Werk GmbH sind wir nicht beteiligt.

Forderungen und Verbindlichkeiten nach dem heutigen Stand wickeln wir selbst ab.

Die Veränderungen innerhalb unseres Unternehmens veranlassen uns, unseren Herren Geschäftsfreunden für die in den langen vergangenen Jahren bewiesene Anhänglichkeit und Treue herzlich zu danken; wir sind überzeugt, daß die Zusammenarbeit mit der neuen Rex-Motoren-Werk GmbH angenehm und erfolgreich sein wird.

Hochachtungsvoll!

REX-MOTOREN-WERK
E. & K. Bagusat

An die
Herren Geschäftsfreunde
der oHG Rex-Motoren-Werk
E. & K. Bagusat

München, den 31. März 1959

Sehr geehrte Herren!

Unsere Gesellschaft übernimmt am 1. April 1959 die Betriebe München und Possenhofen des Rex-Motoren-Werkes.

Wir werden die Fertigung und den Vertrieb des Rex-Motors und des Rex-Mopeds fortführen.

Forderungen und Verbindlichkeiten haben wir nicht übernommen.

Wir hoffen auf eine gute Zusammenarbeit und begrüßen Sie

hochachtungsvoll!

REX-MOTOREN-WERK GMBH

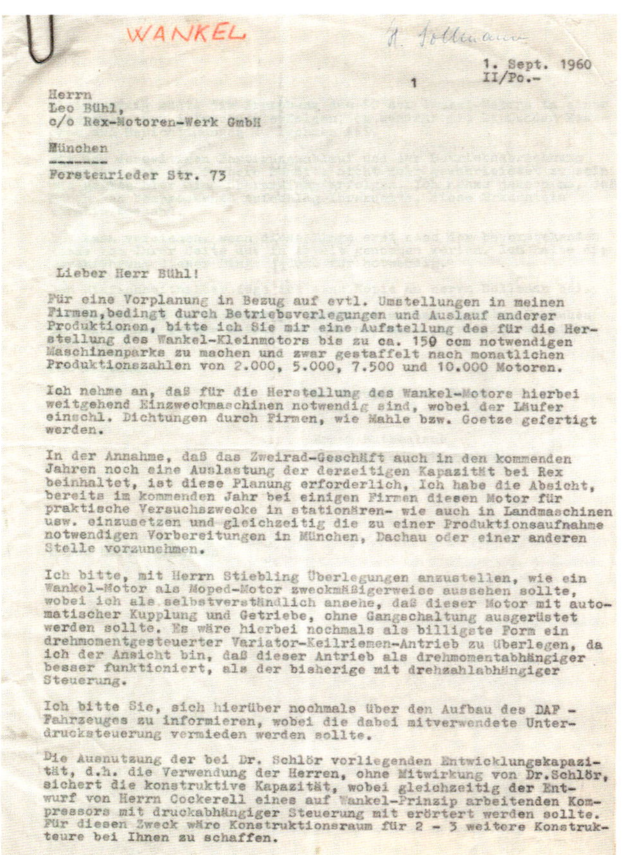

WANKEL

1. Sept. 1960
II/Po.-

1

Herrn
Leo Bühl,
c/o Rex-Motoren-Werk GmbH

München

Forstenrieder Str. 73

Lieber Herr Bühl!

Für eine Vorplanung in Bezug auf evtl. Umstellungen in meinen Firmen, bedingt durch Betriebsverlegungen und Auslauf anderer Produktionen, bitte ich Sie mir eine Aufstellung des für die Herstellung des Wankel-Kleinmotors bis zu ca. 150 ccm notwendigen Maschinenparks zu machen und zwar gestaffelt nach monatlichen Produktionszahlen von 2.000, 5.000, 7.500 und 10.000 Motoren.

Ich nehme an, daß für die Herstellung des Wankel-Motors hierbei weitgehend Einzweckmaschinen notwendig sind, wobei der Läufer einschl. Dichtungen durch Firmen, wie Mahle bzw. Goetze gefertigt werden.

In der Annahme, daß das Zweirad-Geschäft auch in den kommenden Jahren noch eine Auslastung der derzeitigen Kapazität bei Rex beinhaltet, ist diese Planung erforderlich, Ich habe die Absicht, bereits im kommenden Jahr bei einigen Firmen diesen Motor für praktische Versuchszwecke in stationären- wie auch in Landmaschinen usw. einzusetzen und gleichzeitig die zu einer Produktionsaufnahme notwendigen Vorbereitungen in München, Dachau oder einer anderen Stelle vorzunehmen.

Ich bitte, mit Herrn Stiebling Überlegungen anzustellen, wie ein Wankel-Motor als Moped-Motor zweckmäßigerweise aussehen sollte, wobei ich als selbstverständlich ansehe, daß dieser Motor mit automatischer Kupplung und Getriebe, ohne Gangschaltung ausgerüstet werden sollte. Es wäre hierbei nochmals als billigste Form ein drehmomentgesteuerter Variator-Keilriemen-Antrieb zu überlegen, da ich der Ansicht bin, daß dieser Antrieb als drehmomentabhängiger besser funktioniert, als der bisherige mit drehzahlabhängiger Steuerung.

Ich bitte Sie, sich hierüber nochmals über den Aufbau des DAF - Fahrzeuges zu informieren, wobei die dabei mitverwendete Unterdrucksteuerung vermieden werden sollte.

Die Ausnutzung der bei Dr. Schlör vorliegenden Entwicklungskapazität, d.h. die Verwendung der Herren, ohne Mitwirkung von Dr. Schlör, sichert die konstruktive Kapazität, wobei gleichzeitig der Entwurf von Herrn Cockerell eines auf Wankel-Prinzip arbeitenden Kompressors mit druckabhängiger Steuerung mit erörtert werden sollte. Für diesen Zweck wäre Konstruktionsraum für 2 - 3 weitere Konstrukteure bei Ihnen zu schaffen.

-2-

existiert ein Nachfolgebetrieb dieses Geschäftszweigs im Süden von München, der von Nachkommen der Brüder Erich und Kurt Bagusat geführt wird.

Erich Bagusat gründete nach seinem Rückzug aus dem Rex-Motoren-Werk eine Ziegelei in der Nähe von Dachau, ein Gewerbe, in dem er bereits vor dem Zweiten Weltkrieg erfolgreich tätig gewesen war.

Auch die neuen Verantwortlichen der „Rex-Motoren-Werk GmbH“ konnten das Unternehmen nicht mehr zu alten Erfolgen führen. Die Zeiten standen schlecht für neue Mopeds und mächtige Konkurrenten wie ILO, Sachs und Zündapp beherrschten den verbliebenen Markt für Einbaumotoren und Mopeds. Letzte neue Modelle entstanden in Form von sportlich aussehenden, aber nunmehr schwer verkäuflichen Mopeds und Kleinkrafträdern. Der immer noch produzierte Fahrradmotor wurde nun als „Rex Vela“ angeboten, aber kaum mehr verkauft.

Das wichtigste Ziel, das Ernst Hutzenlaub mit seinem Engagement bei Rex verfolgte, war es, die Entwicklung dieses kleinen, vielseitig einsetzbaren Kreiskolbenmotors nach Wankel-Patenten zur Serienreife zu sichern. Dieser Motor hätte auch in Kleinkrafträdern und Mopeds zum Einsatz kommen können. Seine aufwendige Entwicklungsarbeit sollte nun durch das Geschäft mit den vorhandenen und ab 1960 noch neu entwickelten Rex-Mopeds und -Kleinkrafträdern finanziert werden. Doch diese Pläne gingen nicht mehr auf, denn als die kostspielige Konstruktion schließlich um das Jahr 1962 bis annähernd zur Prototypenreife gediehen war, war das Moped-Geschäft längst eingebrochen. Zudem litt das kleine Kreiskolbenaggregat stets unter technisch schwer lösbaren Problemen. Schließlich wurde das Projekt eingestellt, da nötiges Betriebskapital nicht mehr vorhanden war.

Anfang der 1960er Jahre hatte ein Großauftrag der Bundeswehr über die Fertigung von Tausenden Metallgestellen für Etagen- und Feldbetten in Possenhofen die Firma noch

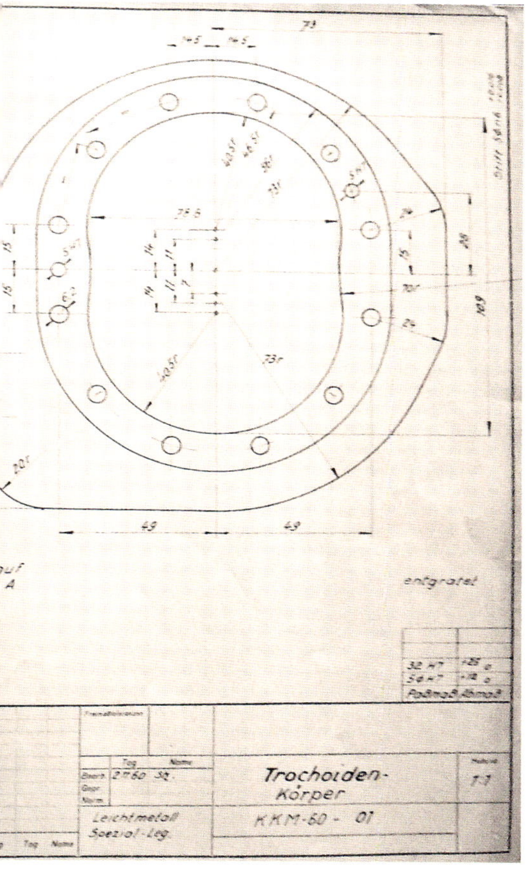

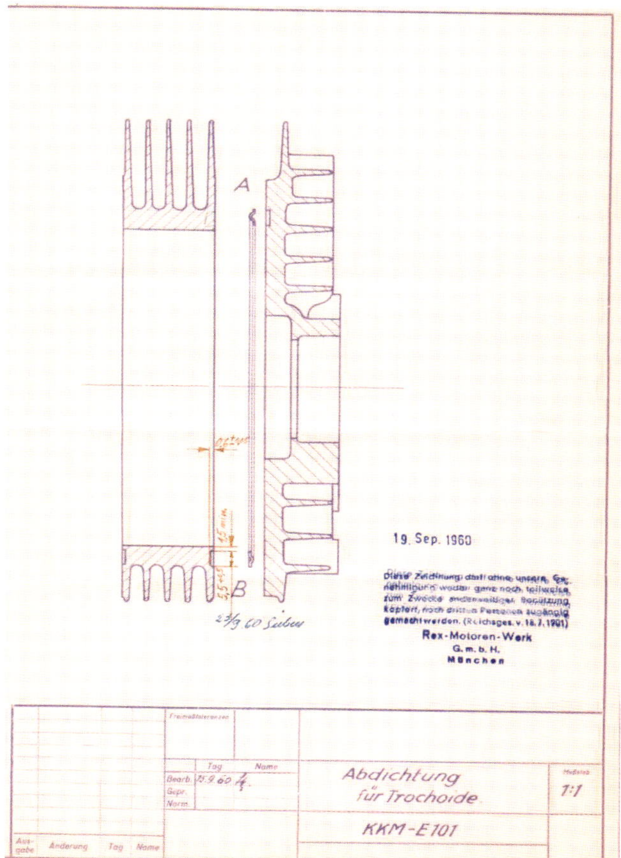

Ganz links: Schreiben von Ernst Hutzenlaub an den Rex-Werksleiter Leo Bühl zur Vorbereitung der Konstruktion und Produktion eines kleinen Wankel-Motors.

Links: Konstruktionszeichnung für den Trochoiden-Körper des geplanten Klein-Winkels von Emil Stiebling, datiert „11.1960".

Rechts: Zeichnung für eine Dichtung des Trochoiden von Konstrukteur Emil Stiebling, September 1960.

Unten: Einzig noch existierendes Exemplar des Rex Wankel-Motors aus der Sammlung Freund in Laufach bei Aschaffenburg.

eine Weile über Wasser gehalten – und sogar einige einfache Rex-Mopeds in olivgrüner Militärlackierung fanden in diesem Zusammenhang Abnehmer –, aber letztendlich vergeblich. Nachdem sich 1963 auch die Herstellung eines einrädrigen Pkw-Anhängers, Werksbezeichnung: „Gepäckträger mit Unterstützungsrad", als unrentabel erwiesen hatte – lediglich rund 150 Stück wurden gebaut –, gab man im Juli 1963 schließlich auf. Der Pachtvertrag mit Hutzenlaub wurde aufgelöst und die Brüder Bagusat mussten den Konkurs abwickeln.

An die letzten Jahre der Rex-Fabrik in München erinnert sich der ehemalige Mitarbeiter Dieter Blaschek noch sehr deutlich:

„Am 13. Januar 1959 begann ich meine Lehre als Werkzeugmacher bei der Rex-Motoren-Werk GmbH. Mein Arbeitsplatz war in dem an den Steinbau rückwärts angrenzenden hölzernen Flachbau. Der Kopfbau und Teile der oberen Fabrikations- und Montagehallen waren damals schon

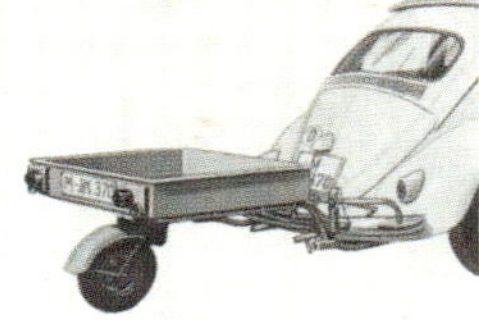
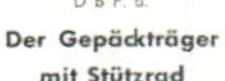

REX-MOTOREN-WERK GMBH

REX-Motoren-Werk GmbH 8 München 25 Albert-Rosshaupter-Str. 73

8 MÜNCHEN 25
Albert-Rosshaupter-Str. 73
Fernsprecher Sammelruf-Nr. 75911
Drahtwort: Rexmotor
Fernschreiber 05-23497
Bankkonten:
Bankhaus Hallbaum, Maier & Co. Hannover 17252
Commerzbank A.G., München 17441
Bankhaus Maffei & Co., München 18275
Postscheckkonto: München Nr. 129530

Ihre Zeichen | Ihre Nachricht vom | Unsere Zeichen | MÜNCHEN, den 1.8.1961

L e h r z e u g n i s

Der Lehrling Dieter Heinz Blaschek, geboren am 29.11.1938 in München, ist am 13.1.1959 als Werkzeugmacherlehrling bei uns eingetreten. Das Lehrverhältnis wurde für 3 Jahre abgeschlossen. Mit Rücksicht auf das fortgeschrittene Alter und seine besonderen Fähigkeiten wurde die Lehrzeit auf 2 1/2 Jahre herabgesetzt, sodaß dieselbe schon am 1.8.1961 als beendet galt.

Während seiner Lehrzeit wurde er an allen Maschinen, welche im Werkzeugbau verwendet werden, ausgebildet. Ebenso wurde er mit allen Handarbeiten, welche für den Werkzeugmacher notwendig sind, bestens vertraut gemacht.

Der Lehrling Dieter Blaschek war während seiner Ausbildungszeit äusserst aufmerksam und überaus fleißig.

Er hatte eine sehr schnelle Auffassungsgabe und hat seine Arbeiten immer sehr sauber und gewissenhaft ausgeführt. Außerdem war er ein verträglicher und ehrlicher Charakter, weshalb er bei Vorgesetzten und Mitarbeitern allzeit beliebt war.

Herr Blaschek wird vom Betrieb als Werkzeugmacher übernommen.

REX-MOTOREN-WERK
GMBH

ppa.

Links oben: Mit dem „Spatz"-Einrad-Klappanhänger, bei Rex für die Firma Hekla gebaut, versuchte man noch kurz vor dem Ende, Geld zu verdienen.

Links Mitte und unten: Dieter Blaschek mit dem Pförtner vor dem Rex-Werkstor München im Winter 1961/62, darunter sein Lehrzeugnis.

Rechts: Impressionen aus dem Rex-Werkzeugbau im Werk München, 1962. Oben: Meister Böllmann und Mitarbeiter, Mitte: Dieter Blaschek (2. v. l.) mit Kollegen, unten: im Versuchsbau mit dem Rex-Werks-Testfahrer (mit Helm).

Oben: Gespenstische Leere in der Rex-Werkzeugmaschinen-Halle, Anfang 1963.

Rechts: Auch für Dieter Blaschek endete das Arbeitsverhältnis im Mai 1963 wegen Geschäftsaufgabe.

Unten: Abwicklung des Unternehmens: Im August 1964 übernahm die Firma Müller & Hirsch in Aschaffenburg die Rex-Ersatzteilversorgung.

REX-MOTOREN-WERK GMBH

8 MÜNCHEN 25
Albert-Rosshaupter-Str. 73

Fernsprecher Sammelruf-Nr. 75911
Drahtwort: Rexmotor
Fernschreiber 05-23497

Bankkonten:
Bankhaus Hallbaum, Maier & Co. Hannover 17252
Commerzbank A.G., München 17441
Bankhaus Maffei & Co., München 18275

Postscheckkonto: München Nr. 129530

REX-Motoren-Werk GmbH 8 München 25 Albert-Rosshaupter-Str. 73

Herrn
Dieter Blaschek

im Hause
Rex-Motoren-Werk GmbH
München

Ihre Zeichen | Ihre Nachricht vom | Unsere Zeichen So/Lo. | MÜNCHEN, den 3. Mai 1963

Betrifft: Kündigung.

Wir bedauern sehr, Ihnen hiermit form- und fristgerecht zum 17. Mai 1963 kündigen zu müssen, da wir unsere Fertigungsbetriebe schliessen werden.

Hochachtungsvoll!
REX-MOTOREN-WERK
GMBH

Der Betriebsrat:

ppa.

München, den 12. 8. 1964

An alle REX-Händler!

Sehr geehrte Herren,

Wir verlagern unsere Ersatzteil-Bestände von München nach Aschaffenburg/Ufr. und bitten Sie, Ersatzteil-Bestellungen ab 15. 8. 1964 wie folgt zu adressieren:

Ersatzteil-Vertrieb des Rex-Motorenwerks
Müller & Hirsch
875 Aschaffenburg
Rotwasserstraße 34.

Die Verlagerung ist in vollem Gange.
Wir bitten dafür Verständnis zu haben, daß Verzögerungen in der Auslieferung von Aufträgen auftreten können.

Freundliche Grüße
REX-MOTORENWERK GMBH
ppa. gez. Sollmann.

teilweise an die Firma Constantin Film vermietet. Verblieben in diesem Gebäude waren zu meiner Zeit noch die Härterei, die Zahnradfertigung, die Schleiferei und der Zusammenbau der Motoren.

Im August 1961 schloss ich meine Lehrzeit erfolgreich ab und wurde in die Abteilung Werkzeugbau unter Leitung von Meister Böllmann übernommen. Meine Aufgabe war dort die Anfertigung von Stanzwerkzeugen und Vorrichtungen und zusätzlich war ich zeitweise in der Werkzeugschleiferei eingesetzt.

Im hölzernen Anbau befanden sich ferner das Büro der Geschäftsleitung, die Konstruktionsabteilung, die Arbeitsvorbereitung, die Automatendreherei, die Stanzerei und die Versuchsabteilung mit dem Rüttelbock. Ein Mitarbeiter war dort zuständig, Neukonstruktionen auf der Straße zu testen.

Offensichtlich ging es der Firma mit dem Motoren- und Moped-Geschäft nicht mehr gut, denn bald mussten wir für die Bundeswehr Bettgestelle aus Winkelstahl bauen, die dann in Possenhofen, wo ursprünglich die Montage der Mopeds erfolgte, lackiert wurden. Ferner sollte der Moped-Motor auch als Antrieb für die verschiedensten Zwecke modifiziert werden. Daneben mussten verschiedene Lohnaufträge von Fremdfirmen bearbeitet werden und es wurde an der Konstruktion und Serienreife eines kleinen Wankel-Motors gearbeitet, was jedoch nicht gelang.

Nach nicht einmal zwei Jahren erhielt ich dann am 3. Mai 1963 meine Kündigung wegen Schließung der Fabrik und ich musste mir einen neuen Arbeitsplatz suchen. Aus heutiger Sicht empfand ich meine Zeit bei Rex als durchaus positiv, es herrschte ein gutes Klima unter den Kolleginnen und Kollegen, die Aufgaben waren durchaus interessant und die Vorgesetzten behandelten uns gut.“

Das Unternehmen hatte in den zwei Jahren vor dem endgültigen Ende mit beträchtlichem Verlust gearbeitet. Die Moped-Produktion, Ende der 1950er Jahre im Bereich von 15.000 Stück jährlich, war 1962 auf rund 2.500 Einheiten zurückgegangen und der Umsatz hatte sich halbiert von 16 Millionen DM 1957 auf 8 Millionen DM. Infolgedessen war auch die Belegschaft massiv abgebaut worden, zuletzt von noch 450 Anfang 1963 auf 50 vor der Schließung.

Maschinen und Einrichtungen beider Standorte wurden verkauft oder versteigert und ein Händler in Aschaffenburg übernahm schließlich auch die Reste des Ersatzteillagers sowie Teile der technischen Unterlagen. Die moderne Rex-Fabrik in der Forstenrieder Straße, heute Albert-Roßhaupter-Straße, war schon Ende der 1950er Jahre zu großen Teilen an die Constantin Film GmbH vermietet worden, die dann dort über einen längeren Zeitraum ihren Hauptsitz hatte. Anfang der 1970er Jahre änderten sich auch die Besitzverhältnisse des Schlosses Possenhofen, das fortan nicht mehr unter dem Einfluss der Brüder Bagusat stand.

Als der Kunstschaffende Franz E. Schilke schließlich 1981 Schloss Possenhofen übernahm, um es zu restaurieren und in eine exklusive Eigentumswohnanlage umzuwandeln, befanden sich die historischen Gebäude in einem desolaten Zustand. Feuchtigkeit hatte sich im Mauerwerk festgesetzt und Teile des Baus waren bereits einsturzgefährdet. Doch die Herausforderung wurde angenommen und zusammen mit weiteren Investoren, einem erfahrenen Architektenteam und dem Bayerischen Landesamt für Denkmalpflege gelang es innerhalb von rund drei Jahren, das gesamte Gebäudeensemble zu sanieren und seiner neuen Bestimmung gemäß zu gestalten. Schloss Possenhofen ist heute nicht für die Allgemeinheit zugänglich.

Kurt Bagusat verstarb am 3. Januar 1985 bei einem Verkehrsunfall, sein Bruder Erich lebte noch bis zu seinem Tod im Jahr 1993 in der „Gartenhaus“ genannten Villa neben Schloss Possenhofen. Die Brüder hinterließen ein beeindruckendes Kapitel Industriegeschichte in Bayern.

Epilog

In den 1970er Jahren gerieten die Rex-Motoren und -Mopeds immer mehr in Vergessenheit. Kaum jemand wagte sich noch mit einem Fahrrad mit Hilfsmotor in den immer hektischer werdenden Straßenverkehr und erste führerscheinfreie Mofas wurden von jungen Leuten als Einstieg in die Motorisierung genutzt.

Erst Jahre später begannen sich eine Handvoll Enthusiasten und Oldtimer-Freunde um verbliebene Rex-Fahrzeuge zu kümmern. Deren Bauweise war so robust, dass eine erstaunliche Anzahl von Motoren und Mopeds überlebt hatte, die meisten standen seit Jahren und Jahrzehnten ungenutzt in Kellern, Schuppen und Garagen. Die Brüder Bagusat wollten allerdings nichts mehr von dieser Episode ihrer Geschichte wissen, sodass manch neugieriger Rex-Enthusiast bei dem Versuch, Kontakt aufzunehmen, scheiterte.

Der Autor dieses Buchs wurde gerade wegen dieser schwierigen Situation neugierig und wollte sich der Herausforderung, die Rex-Geschichte wieder zum Leben zu erwecken, gerne stellen. Bei seinen Recherchen stieß er bei Kurt Bagusats Sohn Bernd Harald in München auf offene Ohren. Groß war die Überraschung, als er dann bei einem Besuch im Hause Bagusat vor dem Arbeitszimmer fast über ein Fahrrad mit Rex FM 34-Motor stolperte. Die Geschichte nahm Fahrt auf!

Teil 2: Die Produkt- geschichte

„Vom Hilfsmotor zum Sport-Moped“

Fahrrad-Hilfsmotor Radfix FM 30

Dieser Anbaumotor über dem Vorderrad war der erste Motor der S-Motoren GmbH, des Unternehmens von Max Seyffer, aus dem später das Rex-Motoren-Werk hervorging.

Nach mehr als einem Jahr voller Versuche und Erprobungen mit ca. 30 Motoren entstanden die ersten Vorserienmotoren etwa um die Mitte des Jahres 1947 in der Zielstattstraße 19 in München. Am 19. September 1947 wurde für diesen Motor die Amtliche Betriebserlaubnis Nr. 12 erteilt und eine bescheidene, weitgehend handwerkliche Produktion setzte ein.

Gehäuse und Zylinder des Motors wurden extern im Sandguss-Verfahren hergestellt, Zylinder und Kopf bildeten *ein* Gussteil. Die Kraftübertragung innerhalb des Motors erfolgte über geradverzahnte Zahnräder. Ein Bing-Vergaser übernahm die Gemischaufbereitung, alle Anbauteile (Motorhalterung, Tank, Schutzbleche, Auspuff) waren mattschwarz. Von diesem Radfix FM 30-Motor wurden bis Ende 1947 ca. 500 Exemplare hergestellt und auf Bezugsschein verkauft. Der Motor trug noch kein Typenschild, die Motornummern wurden fortlaufend auf dem Gehäuse eingeschlagen, wobei vermutlich mit der Nummer 500 begonnen wurde.

1	Art des Fahrzeugs . .	*) Kraftrad ohne Beiwagen - mit Beiwagen, Motorfahrrad (Kraftrad mit Tretkurbeln)
2	Fahrgestell a) Hersteller . . . . b) Fabriknummer . . . . c) Baujahr . . . . (falls nicht mehr zu ermitteln, ungefähre Angabe) d) Kraftübertragung	 *) Kardan - Kette - Riemen - Profilrad - Zahnräder
3	Antriebsmaschine a) Art des Antriebs . . . b) Leistung . . . . c) Hubraum . . . . d) Fabriknummer . . . . e) Herstellerfirma . . . f) Takt	 *) Verbrennungsmaschine - Elektromotor 1,6 PS 31 cm³ (Zahl der Zylinder: ; Durchmesser der Zylinder: — mm; Kolbenhub: — mm) 1102 S-MOTOREN G.m.b.H *) Zweitakt - Viertakt
4	Verwendungszweck . .	*) Personenbeförderung - Lastenbeförderung
5	Eigengewicht d. Fahrzeugs	25 kg
6	a) Zulässige Belastung . b) Zuläss. Gesamtgewicht	100 kg 125 kg

*) Zutreffendes ist zu unterstreichen.

Kraftfahrzeugbrief II
Bavarian

№ 58940

Oben: Der älteste noch existierende Radfix-Motor FM 30 trägt die Produktionsnummer 977, ist Baujahr Ende 1947/Anfang 1948, ist fahrtüchtig und gehört Heinz Tschinkel in Hohenbrunn.

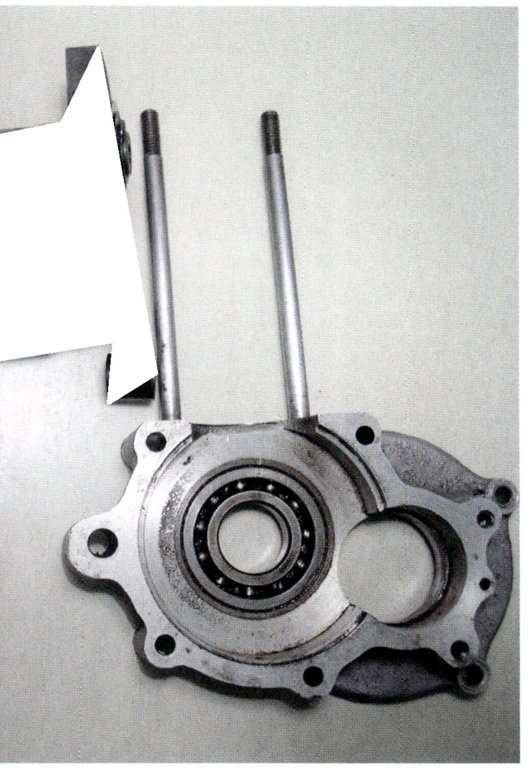

Links: Innenleben des Radfix Nr. 977: Stirnrad mit gerader Verzahnung und einfache Sandguss-Teile.

Fahrrad-Hilfsmotor FM 30

S-MOTOREN G.M.B.H. MÜNCHEN 25

Fahrrad-Hilfsmotor Radfix/Rex FM 31

Von diesem Motor gab es zwei Varianten. Bei der Variante 1 handelte es sich um den Radfix Fahrrad-Hilfsmotor, 31 ccm, Bohrung x Hub 35 x 32 mm, 0,6 PS, wie beim Vormodell. Als Hersteller firmierte nun die Rex-Motoren-Werk GmbH München noch unter der Leitung von Max Seyffer. Der Motor wurde weiterhin im Sandguss-Verfahren hergestellt, doch Zylinder und Zylinderkopf waren nun getrennt. Die Anbauteile wie der Bing-Vergaser und die Motorbefestigungsteile in mattschwarz blieben unverändert. Dieser Motor wurde von Ende 1947 bis Mitte 1948 in ca. 1.000 Exemplaren gebaut, immer noch ohne Typenschild.

Bei der Variante 2 firmierte ab Mitte 1948 das „Rex-Motoren-Werk E. und K. Bagusat" als Hersteller, die Produktbezeichnung lautete jetzt Rex FM 31. Mit der Währungsreform im Juni 1948 begann der freie Verkauf ohne Bezugsschein. Ab ca. Ende 1948 verfügten die Motoren über ein Druckguss-Gehäuse, die Zahnräder waren nun schrägverzahnt. Weiterhin kam ein Bing-Vergaser zum Einsatz und die Gesamtkonstruktion war technisch weiterentwickelt. Von der Nr. 1500 an trugen die Motoren nun ein Typenschild, die Anbauteile waren weiterhin mattschwarz. Hergestellt wurde diese Variante bis Juli 1950 in ca. 7.000 Exemplaren.

Rechte Seite: Antriebsseite des FM 31-Motors ohne Kupplung und zeitgenössische Werbeprospekte für die FM 31 Radfix- und Rex-Motoren.

Radfix FM 31-Motor von 1948 montiert auf einem Göricke-Herrenfahrrad der späten 1930er Jahre aus der Sammlung des Autors.

»Radfix« Fahrradhilfsmotor
vom Rex-Motorenwerk München (früher S-Motoren-Ges.m.b.H.)

Fahrrad-Hilfsmotor Rex FM 34

Um dem Wunsch vieler Rex-Fahrer nach etwas höherer Leistung entgegenzukommen, entstand Ende 1949 der Motor FM 34 durch verlängerten Hub und einen tieferen Kompressionsraum im Zylinderkopf. Ansonsten blieb der Motor weitgehend unverändert, doch war ein Leistungszuwachs deutlich spürbar. Die Serienproduktion startete im Januar 1950, ungefähr ab der Motornummer um 28000 wurden die Anbauteile wie Motorhalterungen und Schutzschilder glanzverzinkt ausgeliefert. Bis Mai 1952 wurden 38.129 FM 34-Motoren produziert. Auch der FM 31 wurde noch ein halbes Jahr nach Einführung des FM 34 zu einem günstigeren Preis angeboten.

Gritzner-Fahrrad von 1951 mit Rex FM 34-Hilfsmotor, Baujahr 1952 mit Kupplung. Das Fahrzeug aus der Sammlung des Autors befindet sich im Originalzustand und wird seit 1952 in der dritten Generation gefahren.

Rechte Seite unten links: Abweichende Aufhängung des Rex-Motors für den Export gemäß den Zulassungsbestimmungen in Großbritannien.

REX

FAHRRADMOTOR
REX

Diese Seite: Seit über 70 Jahren ist dieser Rex FM 34-Motor ohne größere Probleme in Betrieb. Über ein Typenschild mit fortlaufender Nummerierung verfügen die Rex-Motoren etwa seit Mitte 1948.

Rechte Seite: Wundersamerweise originalverpackt hat dieser neue Rex-Motor FM 34, Baujahr 1951, die Zeiten überdauert. Tausende Rex-Motoren fanden in diesem Zustand zu ihren Käufern.

ACHTUNG!

Lieber Radler, sei kein Tor,
bau ans Rad den REX-Motor!
Wirst dann ohne Strampeln, Schwitzen
fröhlich durch die Gegend flitzen,
kannst verlachen Gegenwind,
kommst zum Ziele frisch geschwind.

Auch Ihnen hilft
der im In- und Ausland vieltausendfach bewährte

Fahrradmotor „Rex".

Er kostet

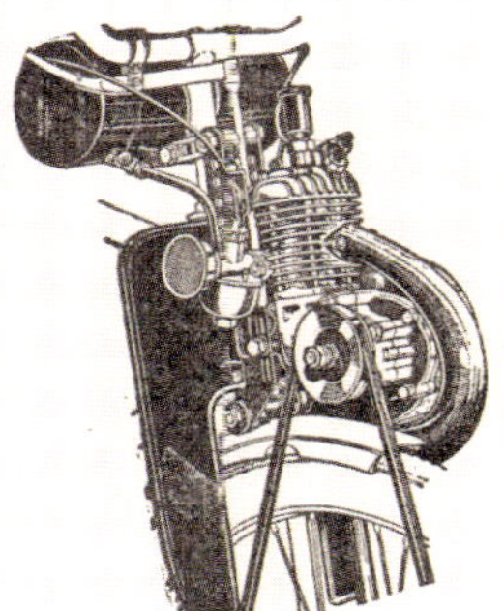

DM **218.-** ab Werk ohne Verpackung

DM **218.-** ab Werk ohne Verpackung

Bei **Teilzahlung**

keine Wechsel — Anzahlung DM 38.—, 5 Raten à DM 40.— oder 8 Raten à DM 26.50.

Jeder REX-Händler führt Ihnen gern unseren Motor vor.
Wer einmal REX gefahren hat, ist begeistert von ihm!

REX - MOTOREN - WERK E. & K. BAGUSAT
München 25, Forstenrieder Str. 73 . Fernsprecher 70304, 72313 . Drahtwort: Rexmotor

Fahrrad-Hilfsmotor Rex FM 40

Der ab Mai 1951 gebaute Motor FM 40 erzielte den größeren Hubraum von 40 ccm durch eine vergrößerte Bohrung auf 38 mm und wurde zum meistverkauften Rex-Hilfsmotor. Er blieb bis Ende 1955 in Produktion und erreichte eine Stückzahl von 77.399 Exemplaren. Verwendung fand er nicht nur als Fahrrad-Hilfsmotor, sondern er diente auch linksläufig als Antrieb der ersten Komplettfahrzeuge von Rex – den ab 1952 angebotenen Motor-Fahrrädern mit der Bezeichnung EKB, später als Moped bezeichnet – und sogar als Basis der in geringer Zahl gebauten Rex-Bootsmotoren. Im Laufe der Produktionszeit änderten sich zudem Zylinder und Kopf, die eine eckigere Form mit größeren Kühlrippen erhielten.

Werbung für den mit fast 80.000 verkauften Exemplaren erfolgreichsten Rex-Hilfsmotor vom Typ FM 40 mit rund 1 PS Leistung.

Rechte Seite oben: Mit diesem schönen Fahrrad, bestückt mit einem FM 40-Motor, hat Rex-Sammler Siegfried Dengler schon viele Tausende Kilometer zurückgelegt.

REX Warum fahren

70000

REX-MOTOR?

weil der **REX-Fahrrad-Motor**

eine **moderne, ausgereifte Konstruktion** mit erstaunlicher Leistung ist, sich schon jahrelang in rauher Fahrpraxis im **In- und Ausland** bewährt hat,

durch **geringen** Kraftstoff-Verbrauch auszeichnet (**1,5 ltr. auf 100 km**),

leichten Anbau an jedes neue oder gebrauchte Fahrrad gestattet,

durch Befestigung am Lenkerschaft **günstige Gewichts-Verteilung** auf das sonst wenig belastete Vorderrad bewirkt,

weder den Rahmen, noch die Bereifung und die Bremsen überbeansprucht,

durch den **Keilriemen stoßfreien und weichen Antrieb** erzielt, der die Bereifung schont,

sehr einfach zu bedienen ist,

bei Hitze, bei Gegenwind und Steigung mühevolles Treten erspart,

keine Zulassung, kein Nummernschild, keinen Kraftfahrzeugbrief erfordert und schon für

DM 240.- ab Werk ohne Verpackung erhältlich ist

Auf Wunsch gegen bequeme Teilzahlung ohne Wechsel.

Ausführliche Prospekte und unverbindliche Vorführungen bei:

Fr. Hötzendorfer
Fahrräder und Nähmaschinen
Reparaturwerkstätte
München-Obermenzing
Verdistraße 45

REX-MOTOREN-WERK E. & K. BAGUSAT · MÜNCHEN 25

REX
FAHRRAD-MOTOR

REX-Außenbordmotor

Gleichzeitig mit dem Beginn der Serienproduktion des FM 40-Hilfsmotors präsentierte Rex diese Version als Bootsmotor. Gedacht für Faltbootfahrer, wurde der Motor für 295 DM in einer maßgefertigten Holzkiste oder in einer Leinentasche geliefert. Das Set bestand aus dem FM 40-Motor mit kurzem Gasdrehgriff, dem Auspuff, einem 2-Liter-Tank zur Befestigung über dem Motor, der Antriebswelle mit Schraube und der Befestigungsstange am Boot. Bei einer Höchstdrehzahl von rund 900 Touren sollte der Motor das Faltboot vier Stunden lang auf bis zu 12 km/h antreiben können. Rex vertraute zunächst auf Luftkühlung, was sich jedoch bei Dauerbelastung als nicht ausreichend erwies. Ab ca. 1953 rüstete man den Motor deshalb mit einem einfachen Gebläse aus. Wurden im ersten Produktionsjahr ab Juni 1951 noch 192 Motoren produziert, so sank diese Zahl in den folgenden Jahren drastisch. 1954 und 1955 entstanden nur noch etwa zwei bis drei Rex-Außenbordmotore pro Monat und Ende 1955 wurde die Produktion eingestellt. Insgesamt baute Rex 461 Einheiten dieser Variante des FM 40-Motors.

Unten: Wegen thermischer Probleme wurden die letzten Rex-Außenbordmotoren mit einem Gebläse ausgerüstet. Hier ein Motor im Originalzustand aus der Sammlung von Helmut Hölch.

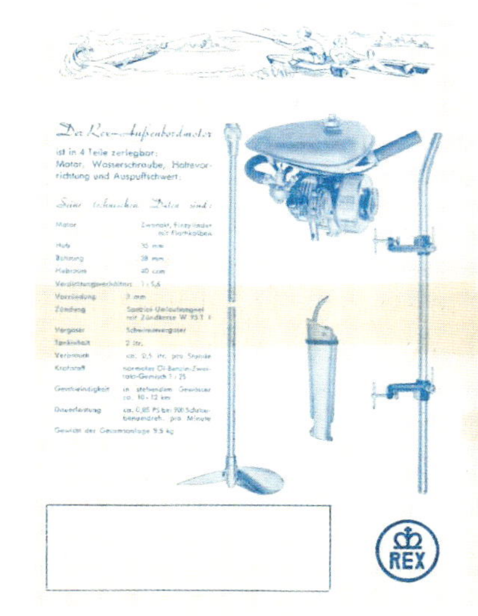

Oben und rechts: Werbung für den Rex-Außenborder und Fotos einer Expedition in Südamerika mit Faltboot und Rex-Außenbordmotor.

Achtung! Achtung!

Der sehnlich erwartete

REX-Außenbordmotor

ist da!

Seine **technischen Daten** sind:

Motor	Zweitakt, Einzylinder mit Flachkolben
Hub	35 mm
Bohrung	38 mm
Hubraum	40 ccm
Verdichtungsverhältnis	1 : 5,6
Vorzündung	2,6 mm
Zündung	Spezial-Umlaufmagnet mit Zündkerze W 95 T 1
Vergaser	Schwimmervergaser
Tankinkalt	2 ltr.
Verbrauch	ca. 0,5 ltr. pro Stunde
Kraftstoff	normales Öl-Benzin-Zweitakt-Gemisch 1 : 25
Dauerleistung	ca. 0,85 PS bei 900 Schraubenumdrehungen pro Minute
Geschwindigkeit	in stehendem Gewässer ca. 10—12 km

Er kostet

DM 295.-

ab Werk ohne Verpackung.

Mit entsprechenden Anbauteilen verwandelt sich der REX-Außenbordmotor in den REX-Fahrradmotor und umgekehrt.

Wollen Sie mehr über den Motor wissen, so wenden Sie sich bitte an

REX-MOTOREN-WERK E. & K. BAGUSAT

München 25, Forstenrieder Str. 73 - Telefon 72313, 70304

Unten: Rex-Außenbordmotor mit 40 ccm von 1953 im unbenutzten Originalzustand mit Anbauteilen in maßgefertigter Transportkiste aus der Sammlung Heinz Tschinkel.

Fahrrad-Hilfsmotor Rex FM 50

Schon ein gutes Jahr nach dem Motor FM 40 präsentierte Rex einen Fahrrad-Hilfsmotor mit jetzt 49 ccm, Bohrung x Hub 40,5 x 38,25 mm und 1,2 PS, gebaut von Juli 1952 bis ca. Anfang der 1960er Jahre. Mit seiner deutlich höheren Leistung stellte dieser Hilfsmotor, ab 1959 Rex Vela genannt, besondere Anforderungen an Stabilität und Qualität des verwendeten Fahrrads und erreichte in dieser Ausführung nur noch relativ geringe Stückzahlen. Als Linksläufer wurde er dagegen für die Motorisierung der „Flaschen-Rex"-Modelle (siehe unten) weitaus häufiger produziert.

Herrenfahrrad von Patria WKC mit restauriertem Rex-Fahrradmotor FM 50 von 1954 aus der Sammlung des Autors. Dessen 1,2 PS bezwingen selbst größere Steigungen ohne Mittreten.

Rechte Seite oben: Werbefoto und Prospekt für den in den letzten Produktionsjahren „Vela" getauften, stärksten Fahrrad-Hilfsmotor FM 50 aus dem Rex-Motoren-Werk München.

REX *Vela* Der erste Fahrradhilfsmotor nach 1945! Dieser Motor wird auch im Jahr 1960 als einziger, in seinem Grundaufbau unverändert, jedoch weiterentwickelt, hergestellt. Nahezu ½ Million Radler in allen Kontinenten der Welt besitzen ihn und sind von ihm begeistert. Auch Sie können Ihr Fahrrad durch den nachträglichen Anbau des preiswerten REX-Motors „VELA" (Vorderaufbau- oder Mitteleinbau) motorisieren.

Rahmeneinbaumotor Rex FM 50.1 L

Dieser ab 1953 gebaute Fahrrad-Hilfsmotor war mit 49 ccm und 1,2 PS technisch weitgehend identisch mit dem Motor FM 50, allerdings immer linksläufig, was das „L" in der Typenbezeichnung verdeutlicht. Mit seiner seitlichen Auslassöffnung diente er zum Einbau im Fahrrad-Rahmendreieck über dem Tretlager und wurde mit einem speziellen Tank und Blechverkleidungsteilen in schwarzer Lackierung und goldfarbener Beschriftung geliefert. Auch in den frühen Rex-Mopeds mit den Bezeichnungen „Standard" und „Luxus" versah dieser Motor noch bis ca. Ende 1954 seinen Dienst.

Vielleicht das schönste Rex-Fahrzeug und sehr selten. Perfekt restauriertes Fahrrad mit Rex FM 50.1 L-Rahmeneinbaumotor aus der Sammlung von Christian Schächer. Besonders edel: die glänzend schwarz lackierten Blechteile mit Gold-Linierung.

Rechte Seite oben links: Rex FM 50-Schnittmotor, wie ihn das Unternehmen auf Ausstellungen und Messen präsentierte, aus der Sammlung von Siegfried Dengler.

Rechte Seite oben rechts: Auszug aus dem Teilekatalog für den Rex FM 50.1 L-Rahmeneinbaumotor.

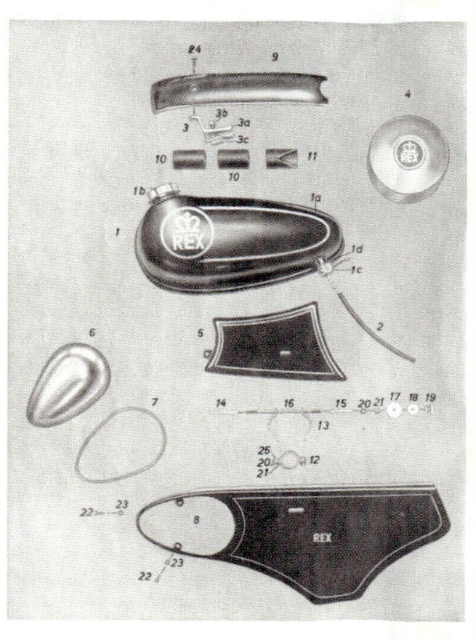

Teile zum Einbau im Rahmendreieck (Herrenfahr

Bei Bestellung Type und Motornummer angeben.

Bild-Nr.	Bestell-Nr.	Stück pro Einheit	Benennung
1	19—U 14 601	1	Kraftstoffbehälter, vollst.
1a	19—14 602	1	Kraftstoffbehälter
1b	19—14 611	1	Tankverschluß
1c	22—U 105	1	Kraftstoffhahn m. Reserve
1d	19—782	1	Dichtung
2	19—14 633	1	Kraftstoffschlauch
3	19—U 14 603	1	Tankbefestigungsschraube, vollst.
3a	19—14 612	1	Tankbefestigungsbügel
3b	19—14 613	1	Tankbefestigungsschraube
3c	19—14 604	1	Druckplatte
4	19—U 617	1	Deckel f. Umlaufmagnet
5	19—14 201	1	Abdeckblech
6	19—U 14 203	1	Verkleidungskappe, vollst.
7	19—14 204	1	Dichtung f. Verkleidungsblech
8	19—14 202	1	Verkleidungsblech
9	19—14 606	1	Spannleiste
10	19—14 609	2	Schutzhülle f. Tankbefestigung
11	19—14 610	1	Schutzhülle, schräg, f. Tankbefestigung
12	19—14 208	2	Rohrschellenband, 70×14×1,5
13	19—14 215	2	Rohrschellenband, 70×14×2
14	19—14 210	1	Abstandsrohr links, 37 lg.
15	19—14 211	1	Abstandsrohr rechts, 48 lg.
16	19—14 209	1	Stiftschraube M 5
17	19—14 212	2	Scheibe
18	19—14 214	2	Federscheibe
19	M 5 DIN 466	2	Rändelmutter
20	A 5,3 DIN 6797	6	Zahnscheibe
21	M 5 DIN 934	6	Sechskantmutter
22	M 4×10 DIN 84	2	Zylinderschraube
23	A 4,3 DIN 6797	2	Zahnscheibe
24	M 6×15 DIN 91	1	Linsensenkschraube
25	M 5×12 DIN 84	3	Zylinderschraube

Rex Motor-Fahrrad/EKB Motor-Fahrrad ML 40/FM 40

Mit der Präsentation seines Motor-Fahrrads begann für das Rex-Motoren-Werk eine neue Ära. Vom mittlerweile aus dem Unternehmen ausgeschiedenen Gründer Max Seyffer initiiert, wurde ein Prototyp des neuen Komplettfahrzeugs bereits auf der IFMA 1951 vorgestellt. Aus heutiger Sicht handelte es sich hierbei eindeutig um ein „Moped" – ein Begriff, der allerdings erst zwei Jahre später geprägt werden sollte.

Mit der Übernahme des Schlosses Possenhofen durch die Brüder Bagusat war ein eigener Standort für die Serienproduktion dieses Fahrzeugs geschaffen worden. Nach umfangreichen Umbauarbeiten, die bis Anfang 1952 andauerten, und der Beschaffung der nötigen Produktionseinrichtungen und Mitarbeiter startete die Serienproduktion im März 1952. In diesem Monat entstanden noch 59 Exemplare und bis zum Jahresende 5.885 Motor-Fahrräder, wobei die 1.124 Einheiten im September einen Spitzenwert darstellten. Insgesamt produzierte das Rex-Motoren-Werk 1952 erstaunliche 42.742 Motoren und motorisierte Zweiräder. Damit hatte sich das Unternehmen an die Spitze der deutschen Hersteller gesetzt.

Alle Rex-Motoren, mittlerweile gab es neben den Motor-Fahrrädern Fahrrad-Hilfsmotoren mit 34, 40 und 50 ccm sowie einen Bootsmotor, entstanden im neuen Werk München, während die Montage der Motor-Fahrräder in Possenhofen stattfand. Täglich pendelten Transporter mit Motoren und Anbauteilen zwischen diesen beiden Standorten.

Für das Motor-Fahrrad, das später auch EKB-Motor-Fahrrad ML 40 genannt wurde, wobei die Buchstabenkombination „EKB" auf die Firmenchefs **E**rich und **K**urt **B**agusat hinwies, verwendete Rex ein 26-Zoll-Fahrrad des Herstellers „Patria WKC", welches für die Bedürfnisse des Motoreinbaus im unteren Rahmenbereich modifiziert worden war. Der Motor ML (Motor Linksläufer) leistete ca. 0,9 PS, verfügte über eine angepasste Auspuffanlage und wurde mit verschiedenen Kupplungen angeboten, wie die schon bei den Hilfsmotoren verwendete Klemmkugelkupplung oder eine Gleitring- oder Lamellenkupplung. Die Kraftübertragung auf das Hinterrad erfolgte über den bewährten Riemen. Der Tank zwischen den beiden Rahmenrohren ähnelte ein bisschen einer Flasche mit oberem Schraubverschluss und führte zum volkstümlichen Namen „Flaschen-Rex". Bis Anfang 1953 wurde noch der ML 40-Motor verbaut, dann spendierte man dem EKB-Motor-Fahrrad den stärkeren FM 50 L-Motor mit 1,2 PS. Dieses Modell wurde bis August rund 24.000-mal produziert.

Der Urahn aller Rex-Mopeds: Motor-Fahrrad-Prototyp von 1951 mit FM 40-Motor, montiert auf einem verstärkten Fahrradrahmen von Patria WKC in Solingen. Das Einzelstück befindet sich im Besitz des Enkels des Rex-Gründers Max Seyffer und wurde vor Kurzem restauriert.

REX

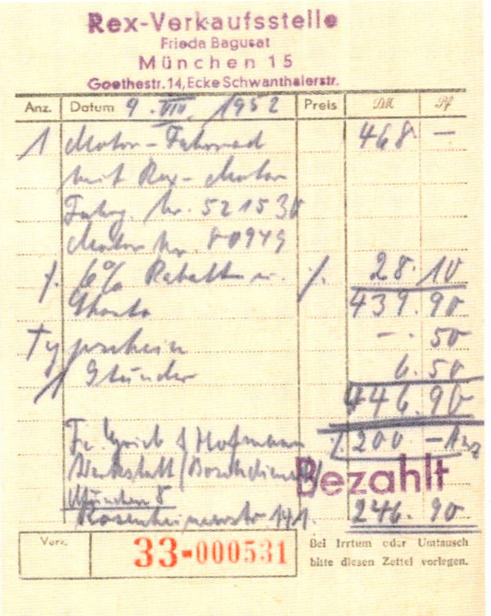

Rex-Verkaufsstelle
Frieda Bagusat
München 15
Goethestr. 14, Ecke Schwanthalerstr.

Anz.	Datum 9. VIII. 1952	Preis	DM	Pf
1	Motor-Fahrrad mit Rex-Motor Fahrg. Nr. 521536 Motor Nr. 80949		468	–
./.	6% Rabatt u. Skonto	./.	28	10
			439	90
1	[illegible]		–	50
1	[illegible]		6	50
			446	90
	Fr. ... Hofmann Werkstatt ... München 8 Rosenheimerstr. 141	./.	200	–
	Bezahlt		246	90

Verk. 33-000531

Bei Irrtum oder Umtausch bitte diesen Zettel vorlegen.

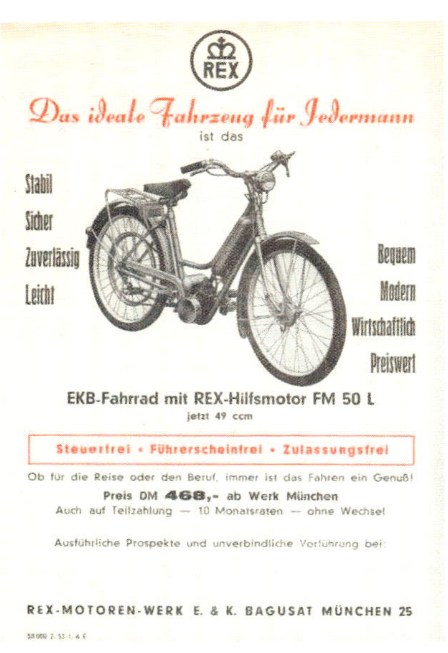

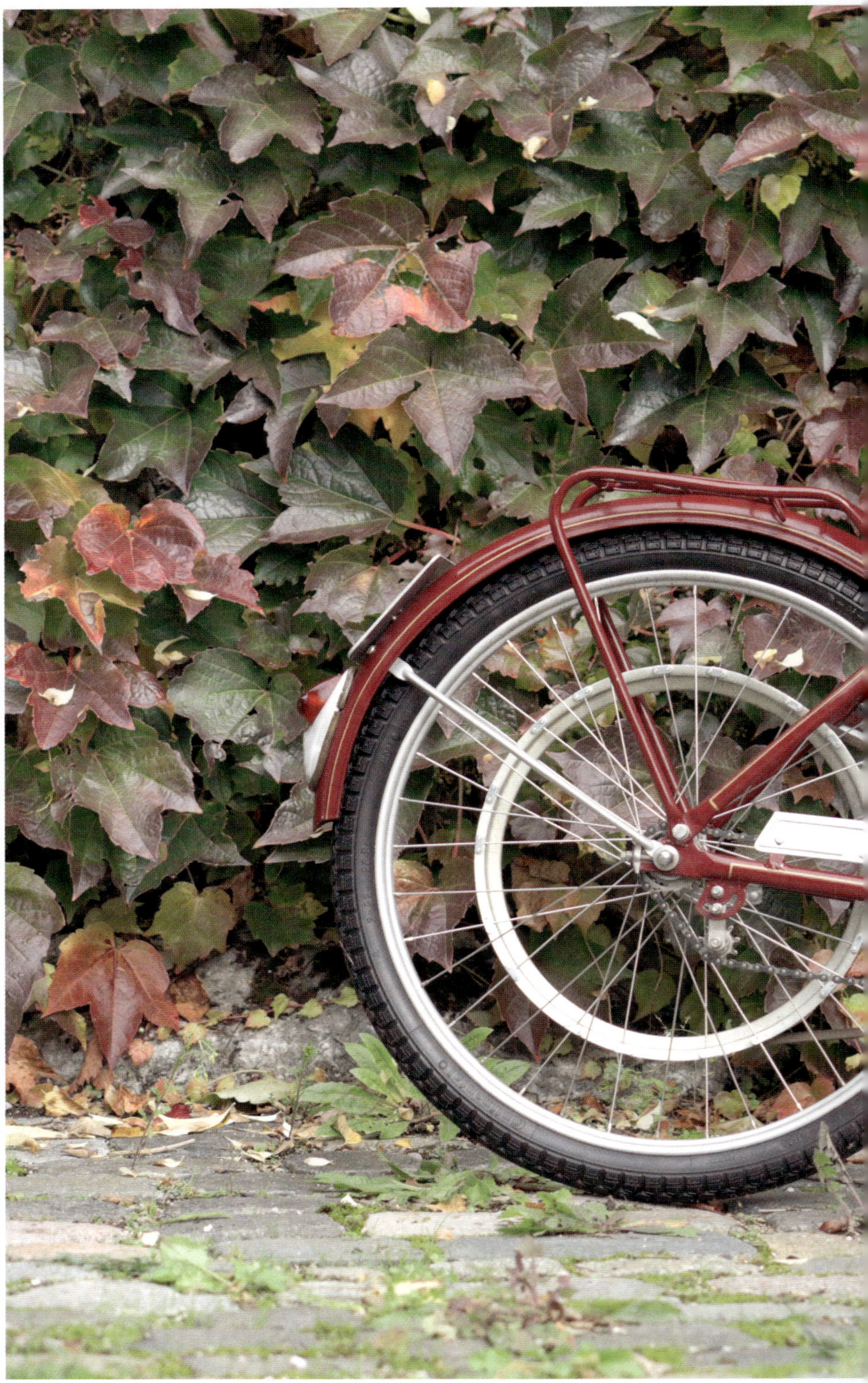

Ganz oben: Rechnung für ein Rex Motor-Fahrrad der Rex-Verkaufsstelle in München von Frieda Bagusat, der Mutter von Kurt Bagusat.

Rechts: Rex EKB Motor-Fahrrad, später „Standard-Moped“, mit Riemenantrieb aus der Sammlung von Anton Bauer. Dieses Modell gab es auf Wunsch später auch mit Kettenantrieb und bereits in vier Farben.

REX
REX

Rex-Moped Standard, Rex-Moped Luxus

Schon im Laufe des Jahres 1952 hatte es auf dem Gebiet der Kleinmotorisierung weitreichende Neuigkeiten gegeben. Da immer mehr Hersteller nun leichte Motor-Zweiräder auf den Markt brachten, die mit Zweitaktmotoren bis zu 50 ccm Hubraum ausgerüstet waren, und die Verkaufszahlen für Anbaumotoren für Fahrräder langsam zurückgingen, war die Bezeichnung „Motor-Fahrrad“ oder „Fahrrad mit Hilfsmotor“ nicht mehr passend und für Käufer eher negativ besetzt.

Aus diesem Grund startete der „Verband der Fahrrad- und Motorradindustrie“ (VFM) Ende 1952 ein Preisausschreiben zur Namensfindung. Unter den zahlreichen Einsendungen kürte die Jury am 23. Januar 1953 schließlich die Wortschöpfung „Moped“, eine Kombination der Wörter „**Mo**tor“ und „**Ped**al“, zum Sieger. Schöpfer dieser Bezeichnung und Gewinner des Preisausschreibens war kurioserweise Max Seyffer, mittlerweile technischer Leiter der ILO-Werke München. Als Preis erhielt er einen Victoria-Hilfsmotor, den „der Vater des Rex-Motors“ sicher mit Schmunzeln entgegennahm.

Ab September 1953 bot Rex dann drei Versionen seines nun auch Moped genannten Fahrzeugs an. Neben einer leichten Leistungssteigerung konnte der Kunde nun zwischen Riemen- und Kettenantrieb wählen und zusätzlich zu dem Standard-Modell, wie bisher, gab es zusätzlich ein Luxus-Moped und ein Export-Modell. Die Luxus-Variante kostete mit 498 DM 100 DM mehr als das Standard-Moped, hatte einen leicht geänderten Rahmen mit einem konventionell geformten Tank auf dem oberen Rohr, auch Satteltank genannt, und ein mittels Pendelgabel (wahlweise mit Drehstabfeder oder mit kleinen Torsionsfedern) gefedertes Vorderrad. Daneben ist in Firmenunterlagen noch die Export-Version gelistet, die sich jedoch im Wesentlichen nur durch andere Lackfarben unterschied.

Im Laufe des ersten vollen Produktionsjahres 1954 verkaufte sich das wesentlich attraktivere Luxus-Moped trotz des deutlich höheren Preises um etwa das Zehnfache besser als die Standard-Variante. Im Spitzenmonat Mai baute Rex mehr als 5.000 Stück. Der Erfolg des „Rex-Motoren-Werks E. und K. Bagusat“ schien nicht mehr aufzuhalten.

Rex-Moped Luxus mit Riemenantrieb und Kleiderschutz über dem Hinterrad im Originalzustand. Auf Wunsch war auch dieser Typ mit Kettenantrieb erhältlich. Der Rahmen entsprach weiterhin dem Standard-Moped.

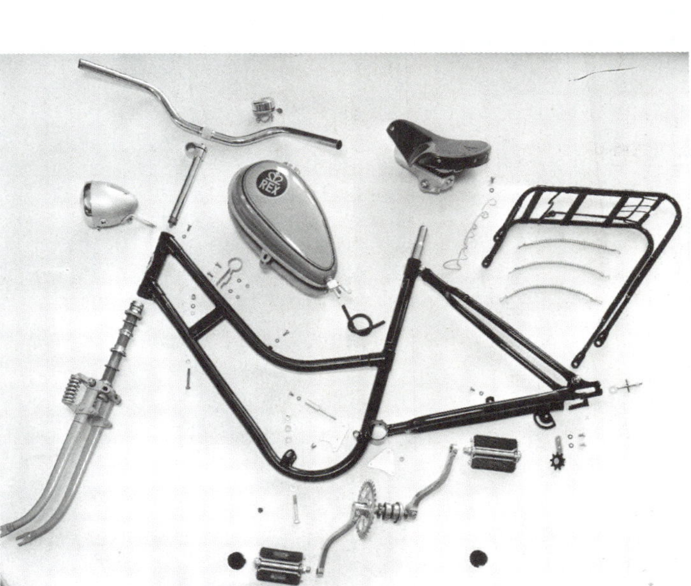

REX

REX

Oben: Seltene Farbaufnahme des Rex Motor-Fahrrads ML 40 im Vorserien-Zustand mit offenliegender Kupplung und anderem Gepäckträger.

Rechte Seite oben: Rex-Moped Luxus in Serienausführung.

Diese und rechte Seite unten: Zeitgenössische Rex-Moped-Werbung.

REX
REX
MOPED STANDARD
• elegant • zuverlässig
• führerscheinfrei
Preis ab Werk München ohne Verpackung DM 398.-
Auch auf Teilzahlung, 6 oder 12 Monatsraten, ohne Wechsel! Unverbindliche Vorführung bei
Ing. A. W. Möller
MECHANIKERMEISTER
REX-MOTOREN-WERKE E. & K. BAGUSAT MÜNCHEN 25

REX
Das ideale Fahrzeug für Jedermann
ist das
Zuverlässig
Stabil
Sicher
Leicht
Wirtschaftlich
Bequem
Modern
Preiswert
REX-Moped FM 50 L
(49 ccm)
Steuerfrei · Führerscheinfrei · Zulassungsfrei
Ob für die Reise oder den Beruf, immer ist das Fahren ein Genuß!
Preis DM 485.- ab Werk München ohne Verpackung
Auch auf Teilzahlung — 10 Monatsraten — ohne Wechsel
Ausführliche Prospekte und unverbindliche Vorführung bei:
Sebastian Sturm
REX-MOTOREN-WERK E. & K. BAGUSAT MÜNCHEN 25

Rex in vorderster Front!
REX
Über 250000-fach bewährt!
REX-MOTOREN-WERK E. u. K. BAGUSAT MÜNCHEN 25
(PREISBLATT)
REX MOPED-STANDARD (Volks-Moped) 49 ccm FM 50. 1 L
398.-
REX MOPED-LUXUS 49 ccm FM 50. 1 L
498.-
Rahmeneinbaumotor FM 50. 1 L
265.-
REX Aufbaumotor FM 40 (Exportausführung)
198.-
REX

Rex-Mopeds X, XX, XX-L, XX-S, 20 L

In der zweiten Hälfte des Jahres 1955 erhielten die Rex-Mopeds ein attraktiveres Erscheinungsbild durch den Anbau weiterer Verkleidungsbleche. Die Palette umfasste nun fünf Modelle, alle jedoch noch mit Rundrohrrahmen. Das Moped X war als preiswertes Einstiegsmodell gedacht und wurde noch von dem „alten" 1-Gang-FM 50.1-Motor angetrieben, der auch weiterhin als Fahrrad-Hilfsmotor im Angebot blieb. Gefedert wurde allein das Vorderrad mittels Federgabel.

Ähnlich ausgestattet war das ab Oktober 1955 lieferbare Modell XX. Allerdings kam nun der völlig neu entwickelte Motor FM 504 mit 2-Gang-Getriebe zum Einsatz, der 1,3 PS bei 5500 U/min leistete, bei dem aber auch weiterhin das Hinterrad ungefedert war. Von diesem Modell gab es außerdem eine Version in modischer Zweifarbenlackierung, mit besserer Vorderradfederung „Bastard-Gabel", mit Schwingelementen und größeren Nabenbremsen, die die Bezeichnung XX-L erhielt. Etwas später wurde das Angebot noch durch das Modell XX-S ergänzt. Dieses verfügte über den neuen 3-Gang-Motor FM 509 mit leicht erhöhter Leistung, erreichte aber nur noch geringe Stückzahlen.

Letzte Weiterentwicklung dieser Modellreihe war der Typ 20 L, nun vollgefedert mit vorderer Schwinggabel und hinterer Geradewegfederung und mit dem 3-Gang-Motor FM 509 – das letzte Rex-Moped mit Rundrohrrahmen.

Beispiele aus der Rex „X"-Typen-Baureihe.

Unten: Schnittmodell des neuen Rex 2-Gang-Motors Typ FM 504 von ca. 1955, rechts davon Prospekt für das Moped XX mit diesem Antrieb.

Rechte Seite: Ein unrestauriertes Rex-Moped 20 L mit Geradweg-Federung und FM 509 3-Gang-Motor, das Spitzenmodell der Baureihe. Darunter ein Prospekt für das Moped XX-L mit FM 504-Motor.

REX-Zweigang-Moped XX

TECHNISCHE DATEN:

Motor REX FM 504 - 2 Gg.-

Type: REX 504 luftgekühlter 2-Takt-Motor • Spülung: Umkehrspülung, System Schnürle • Bohrung: 40 mm • Hub 39,5 mm, Hubraum: 49,3 ~ 50 ccm • Verdichtung: 1:6 • Zündanlage: Schwunglichtmagnetzünder • Zündkerze: W 175 T 11 • Lichtanlage: Eingebaute Lichtspule 6 V, 3 W • Vergaser: Pallas mit Seitenschwimmer und verstellbarer Luftklappe am Filter • Auspuffanlage: Demontierbar • Kraftübertragung: Von der Kurbelwelle zum Getriebe durch schräg verzahnte Stirnräder • Hinterradantrieb: durch nur eine Rollenkette [illegible], Getriebe: Eingebautes 2-Ganggetriebe, durch Drehgriff am Lenker schaltbar • Kupplung: Lamellenkupplung, im Ölbad laufend • Schmierung: Motor: Gemischschmierung 1:25 — Getriebe: Getriebeöl SAE 80 ähnlich dem nicht schäumenden Mobilöl C 80 bis Kontrollmarke am Meßstab • Kraftstoffbehälter: Satteltank, 4 Liter Inhalt mit Reserve • Startmöglichkeit: Eingebaute Tretteinrichtung. Motor kann im Stand bei Gangstellung 0 angetreten werden

Rahmen:

Moderner, formschöner Einrohrrahmen, Federgabel, Ansauggeräuschdämpfer, Schwingsattel, moderne Griffarmatur, Ausfall-Enden, Tachoscheinwerfer ohne Tachometer, verchromte Bremsnabe für Vorderrad, Reifengröße 24 x 2", Zweibeinständer, Tragegriff seitwärts, Länge über alles 1800 mm, Breite über alles 600 mm, niedrigste Sattelhöhe 760 mm, Farbe: REX-Havanna.

Konstruktions-, Ausstattungs- und Preisänderungen vorbehalten.

REX-MOTOREN-WERK E. & K. BAGUSAT · MÜNCHEN 25 · FORSTENRIEDERSTRASSE 73

Rex-Moped **XX L-2 Gg.**

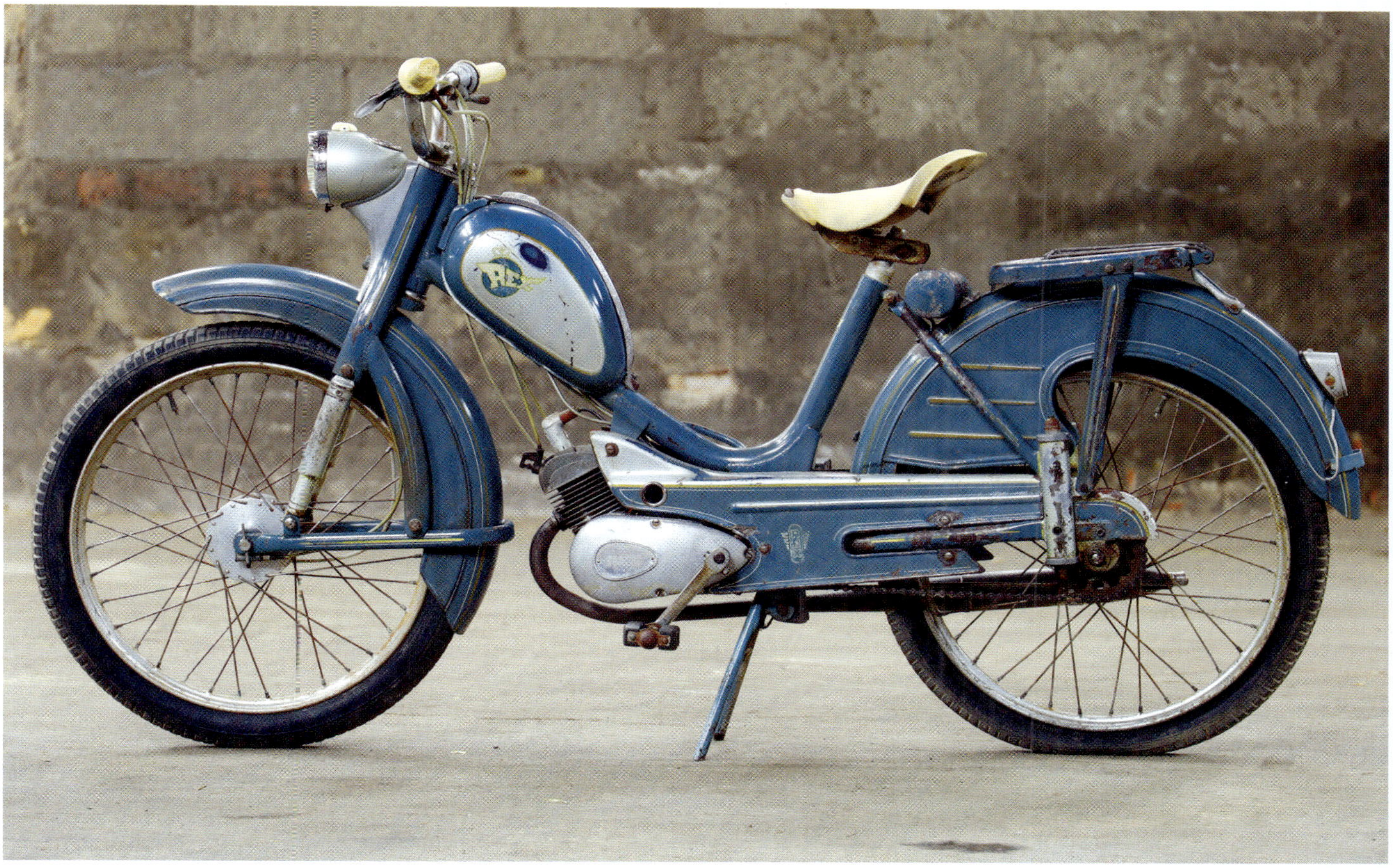

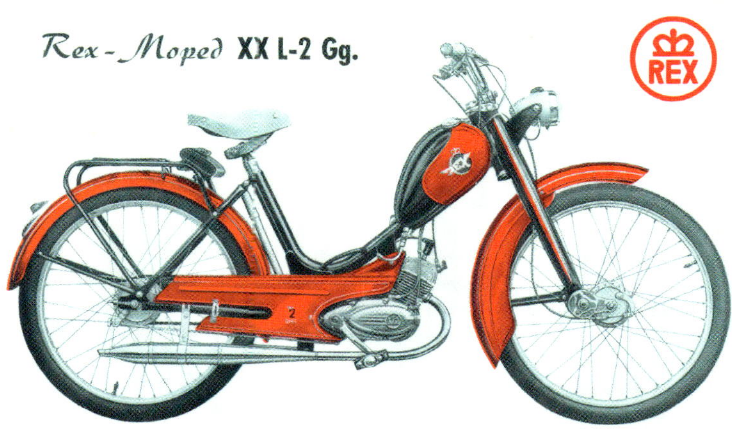

Eine einfachere Ausführung der Type Monaco — dafür niedriger im Preis. Ein sehr gefälliges Moped mit vielen guten Fahreigenschaften. So kann es — wie alle unsere Zweigangmopeds — aus dem Stand, also ohne Antreten gestartet werden.

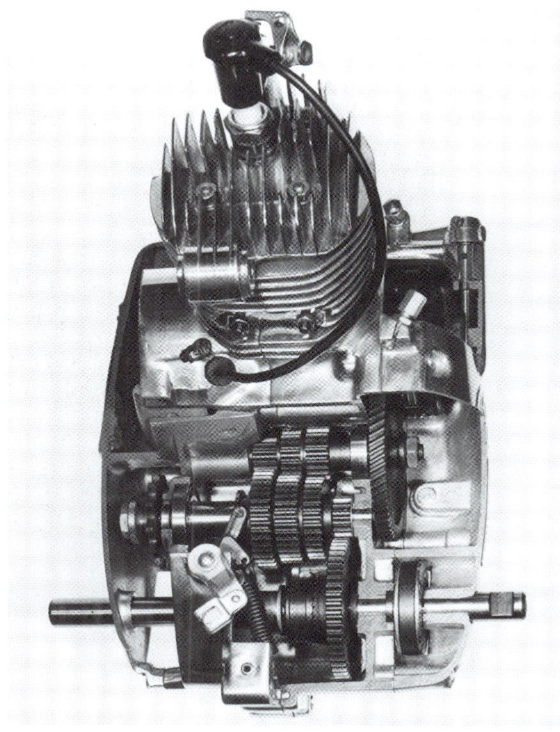

TECHNISCHE DATEN

REX-MOPED LUXUS X (49 ccm) FM 50.1 L - 1 Gg.

Technische Daten: Motor: Zweitakt-Einzyl. m. Flachk., Hub/Bohrung: 38,25/40,5, Hubraum: 49 ccm, Verdichtungsverh.: 1:6, Vorzündung: 3-3,2 mm, Zylinder: Leichtmetall-Zylinder mit Perlit-Gußbüchse, Zylinderkopf: Leichtmetall- abnehmbar, Spülung: System-Schnürle-Umkehrspülung, Zündung: Spezial-Umlaufmagnet mit Lichtspule, Zündkerze W 175 T 11, Vergaser: Schwimmervergaser m. Startautomatik, Untersetzung i. Motor 1:4, Gesamtuntersetz.: 1:17,4, Kraftübertragung durch Keilriemen oder Kette, Benzintank (Satteltank), Kraftstoff: Öl-Benzin-Gemisch 1:25, Tankinhalt etwa 3,75 Liter, ausreichend für ca. 260 km Fahrt, Kraftstoffnormverbrauch etwa 1,4 Liter pro 100 km. Lamellenkupplung.

Technische Daten: Rahmen: Moderner, formschöner Einrohrrahmen, Federgabel, Ansauggeräuschdämpfer, Schwingsattel, moderne Griffarmatur, Ausfall-Enden, Tachoscheinwerfer ohne Tachometer, verchromte Bremsnabe für Vorderrad, Reifengröße 24x2", Zweibeinständer, Tragegriff seitwärts, Länge über alles 1800 mm, Breite über alles 600 mm, niedrigste Sattelhöhe 760 mm, Farbe: REX-Havanna.

Diese Seite: Basismodell Rex-Moped X mit Riemenantrieb sowie vorderer Schwinggabel und der dazugehörige Prospekt.

Rechte Seite: Ein Rex-Moped XX im Originalzustand (oben) und ein Rex-Moped XX-L unrestauriert (unten), beide aus der Sammlung von Sebastian Freund.

REX

REX

Rex-Mopeds 7, 8, 17

Schon bald nach Einführung der X-Modellreihe kam das Rex-Motoren-Werk mit weiteren Modellen mit neuem Ovalrohrrahmen auf den Markt. Es gab wieder eine Sparversion mit dem Motor FM 50.1, jetzt Modell 8 genannt, und eine Version mit dem 2-Gang-Motor FM 504, als Modell 7 bezeichnet. Spitzenmodell dieser Reihe war das Moped Typ 17 mit Hinterradfederung und FM 504-Motor als Modell 17/2, wovon es auch eine teurere Version 17/3 mit dem 3-Gang-Motor FM 509 und einer verbesserten Vorderradgabel gab.

Diese Seite und rechte Seite oben: Rex-Moped Typ 17 mit 2-Gang-Motor FM 504 und das dazugehörige Werbeblatt.

Diese Seite und rechte Seite unten: Rex-Moped Typ 17 mit 3-Gang-Motor FM 509 in unrestauriertem Originalzustand aus der Sammlung von Sebastian Freund.

Auch dieses allradgefederte Moped wird den verwöhntesten Ansprüchen gerecht. Robuster Ovalrohrrahmen mit Preßstahlgabel und zusätzlicher Schwingfederung. Besonders hübsch in der neuen Ausführung: REX-Blau. Selbstverständlich ist es, wie alle REX-Mopeds mit unserem hunderttausendfach bewährtem, unverwüstlichem REX-Motor ausgerüstet.

Diese Seite: Rex-Moped Typ 7 mit 2-Gang-Motor FM 504, Vorderrad-Schwinge und ungefedertem Hinterrad, unrestauriert.

Rechte Seite: Rex-Moped Typ 8, das Standardmodell dieser Serie mit 1-Gang-Motor auf Basis des Fahrradmotors FM 50.1 L, unrestauriert und fast neuwertig mit nur gut 2.000 km auf dem Tacho.

REX

REX

Rex Radi, Sport-Moped, Sport-Duo

Im Sommer 1956 kam Rex mit einem hochaktuellen Sport-Moped auf den Markt, einem Modell, von dem vor allem junge Fahrer träumten. In Zusammenarbeit mit einem italienischen Hersteller, dem Rahmenbauer Ghisolfi Giacinto aus Mailand, entstand 1955 ein leichter Einrohrrahmen mit Telegabel vorn und Federbeinen hinten. Ghisolfi bot auch eigene Mopeds mit Motoren verschiedener Hersteller – zum Beispiel Victoria und Garelli – an und auch das sportliche Ciclomotore „Radi – Rex Tipo Extra Lusso" mit Rex-Motor FM 504. Die Modellbezeichnung „Radi" ist dabei die Verschmelzung der Initialen des Werbeslogans von Ghisolfi: „Razionale Aerodinamico Durevole Inimitabile" (Vernünftig, Aerodynamisch, Haltbar, Unnachahmlich).

Die zweifarbig rot und schwarz lackierten Blechverkleidungen im italienischen Stil, die vordere Verkleidung aus Aluminiumblech mit winziger Rennscheibe, der „Büffeltank" und die schlanke Sitzbank mit Schutzkissen für eine Person verraten die sportlichen Ambitionen. Als Typenbezeichnung wählte man zunächst auch in München „Radi", später jedoch fiel dieser Name weg. Unter heutigen Moped-Freunden sorgt er aber weiterhin für Verwirrung, vermutet man als Inspiration dafür doch den legendären Fußballtorwart des TSV 1860 München, Petar Radenković, dessen Spitzname „Radi" lautete. Dieser kam allerdings erst Anfang der 1960er Jahre nach Deutschland.

Das Rex Radi sah zwar rasant aus, doch der eingebaute 2-Gang-Motor FM 504 stieß natürlich auch bei knapp über 40 km/h an gesetzliche Grenzen, was aber manchen „Halbstarken" dazu motivierte, das Radi-Moped durch allerlei Tuning-Maßnahmen deutlich schneller zu machen. Nur sehr wenige Exemplare dieses Typs haben – nicht zuletzt deswegen – bis heute überlebt.

Ab ca. Ende 1957 wurde das Rex Sport-Moped in einer überarbeiteten Version mit verstärktem Rahmen angeboten und der Name „Radi" verschwand. Vielleicht hatte man bei Rex die Zusammenarbeit mit den Italienern beendet oder es gab Probleme mit der Modellbezeichnung. Dieses Rex Sport-Moped wurde zunächst mit dem 2-Gang-Motor FM 504 geliefert, spätere Modelle erhielten den 3-Gang-Motor FM 509, und die kleine Rennverkleidung an der Front bestand nun aus Kunststoff. Bei dieser Version wurde die Telegabel durch eine Schwinggabel ersetzt.

Einzig im Jahr 1959 entstanden wenige Exemplare einer zweisitzigen Variante mit der Bezeichnung „Sport-Duo" mit einer Doppelsitzbank für die sportliche Sozia. Dieses Moped verfügt über das gleiche Fahrgestell wie das Sport-Moped, bekam jedoch aus Stabilitätsgründen eine Pressstahlgabel und größer dimensionierte „Pränafa"-Bremsen. Zudem erhielt das Sport-Duo, anders als seine beiden einsitzigen Vorgänger, feste Sozius-Fußrasten.

Rechte Seite rechts oben und unten: Auszüge aus dem Moped-Prospekt der italienischen Firma Ghisolfi Giacinto.

Unten und rechte Seite links oben: Prospekt für die Rex Radi, das erste Sport-Moped von Rex, und das Cockpit einer restaurierten „Radi" aus der Sammlung von Christian Schächer.

REX

Sport-Moped „RADI"

Dieses supermoderne Sport-Moped mit der vielgefragten italienischen Linie wird auch auf dem deutschen Markt Aufsehen erregen · Bestechende Zweifarben-Kombination in Rot-Schwarz · Wuchtiger 10 Liter Tank · Großer Spezialscheinwerfer mit eingebautem Tacho u. Verkleidung · Lenkerschaltung · Überdimensionierte Sitzbank · Allrad-Federung · Elegante Weißwandbereifung. Unser RADI-Moped erfüllt alle Anforderungen die man heute an ein Fahrzeug seiner Klasse im Rahmen der gesetzlichen Bestimmungen stellen kann. Daher ist es auch steuer-, führerschein- und zulassungsfrei.

DIE NEUE REX-TYPENPARADE

Ciclomotore **RADI - REX**

Tipo Extra lusso - Molleggio integrale telaio anteriore e posteriore. Completo di motore REX 49 cc., presa diretta con frizione e alzavalvola, completo di tutti gli accessori. Impianti elettrici completi, claxon 3 W.

Ciclomotore tipo **B. M. G.**

Tipo B.M.G. - Telaio monotrave in lamiera stampata, forcella stampata in lamiera, mozzi ad espansione, resto come i tipi lusso . . . . L. ....

Tipo trasporto giornali - Telaio rinforzato, 3 tubi trasversali, due portapacchi anteriore e poster. 30 x 35, cavalletto in ferro di tipo trasporto; serbatoio a sella verniciato; resto come i tipi lusso L. ....

I prezzi suindicati si intendono al netto per i nostri Spett. Rappresentanti di Zona (della quale sarà concessa l'esclusiva), comprensivi dell'imballo.

Per i tipi Extra lusso e Lusso la verniciatura sarà mantenuta come il 1954: telaio nero, parafanghi e carter grigio Vespa. - Per il tipo Monotrave verniciatura grigio Vespa.

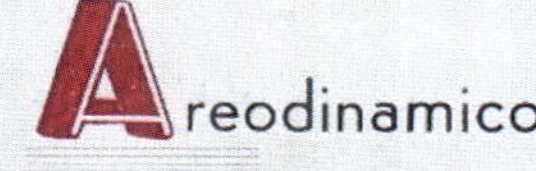

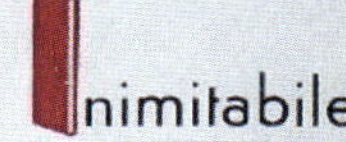

RADI

Links und unten: Prospekt für das Rex Sport-Moped und ein hervorragend restauriertes Exemplar aus der Sammlung von Sebastian Freund.

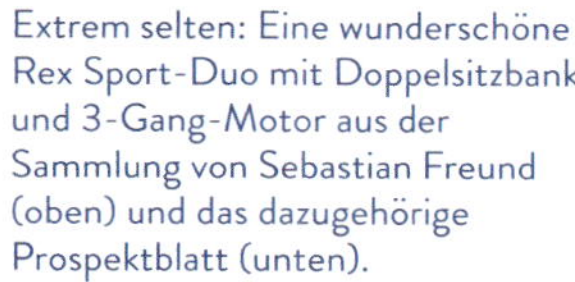

Extrem selten: Eine wunderschöne Rex Sport-Duo mit Doppelsitzbank und 3-Gang-Motor aus der Sammlung von Sebastian Freund (oben) und das dazugehörige Prospektblatt (unten).

Rex Monaco

Mitte der 1950er Jahre war das „Rex-Motoren-Werk E. und K. Bagusat“ auf dem Höhepunkt seines Erfolgs und laufend wurden neue Moped-Typen entwickelt, um alle Käuferwünsche abzudecken. Ende 1956 wurde als neues Basismodell der Typ „Monaco“ vorgestellt. Das Modell baute auf dem weiterentwickelten Einrohrrahmen auf, wurde vom bewährten 2-Gang-Motor FM 504 angetrieben und erfreute den Fahrer durch wirkungsvolle „Allradfederung“ mittels Federbeinen, allerdings weiterhin mit Schwingsattel und nicht für den Soziusbetrieb geeignet. Zunächst zum Preis von 585 DM nur mit blauer Lackierung im Angebot, kam ab etwa 1958 die Rex Monaco S/3, eine 3-Gang-(FM 509) -Version der Monaco in Zweifarben-Lackierung (blau/beige) und mit geschlossenem Kettenkasten hinzu.

Etwas später „überarbeitete“ Rex die Basis-Monaco noch einmal und diese erhielt ebenfalls eine Zweifarben-Lackierung. Allerdings war der Kettenschutz wie beim Basis-Modell nicht geschlossen, sondern bestand lediglich aus zwei langen Seitenverkleidungen. Die Monaco erhielt hier den „neuen“ 2-Gang-Motor FM 510. Dieses Modell blieb fast bis zum Ende des Rex-Motoren-Werks im Programm.

Ein frühes, unrestauriertes Exemplar einer Rex Monaco mit neuer Rahmenkonstruktion und 2-Gang-Motor FM 504. Links unten der dazugehörige Werbeprospekt.

Rex Monaco S/3 mit 3-Gang-Motor FM 509 (rechte Seite) und die letzte Monaco-Variante mit 2-Gang-Motor FM 510 (unten). Beide im unrestaurierten Originalzustand aus der Sammlung von Sebastian Freund.

Diese Seite oben: Prospekt zur Rex Monaco S/3.

Rex Como und Riva

Während das Geschäft mit Fahrrad-Hilfsmotoren Ende der 1950er Jahre komplett wegbrach und auch der Höhepunkt des Moped-Booms längst erreicht war, entwickelte man bei Rex in München noch einmal ein völlig neues Modell, die Rex Como. Als Gerüst diente nun ein moderner Pressstahlrahmen, wie er bereits von vielen Konkurrenten verwendet wurde, und es kamen auch zwei neue Motoren zum Einsatz. Für 795 DM erhielt der Kunde den Motor FM 520, eine Weiterentwicklung des 2-Gang-Motors FM 510, jetzt allerdings mit Gebläsekühlung, und wer 20 DM mehr investierte, konnte sich über den 3-Gang-Motor FM 519, ebenfalls mit Gebläsekühlung, freuen, der Steigungen noch leichter bezwang.

Rechte Seite: Perfekt restaurierte Rex Como von 1959 in der frühen Ausführung mit rundem Rücklicht aus der Sammlung von Anton Bauer.

1959 gab es diese Como einzig in einer „Normal"-Ausführung (blau/beige) und nur in diesem Jahr verfügte die Como über ein rundes Rücklicht.

Ab 1960 wurde der Rahmen geändert und verstärkt, die Como erhielt das ovale Rücklicht und war nur noch mit dem 3-Gang-Motor FM 519 lieferbar. 1960 gab es dann eine „Normal"- und eine „Luxus"-Ausführung, Letztere mit mehr verchromten Teilen und in der Farbgebung rot/beige. Weiterhin wurden die Gänge über eine Drehgriffschaltung eingelegt. Natürlich verfügten beide Varianten über 23-Zoll-Räder mit Federbeinen, vorne mit Schwinggabel, und eine komfortable Doppelsitzbank versprach vergnügliche Ausfahrten auch zu zweit. Für dieses neue Spitzenmodell ließ Rex erstmals einen großen, achtseitigen Verkaufsprospekt mit bunten Bildern drucken, inspiriert von Fotoaufnahmen mit den weltberühmten Kessler-Zwillingen vor Schloss Nymphenburg in München.

Nachdem sich die Brüder Bagusat im Frühjahr 1959 aus dem Unternehmen zurückgezogen hatten, wurde die Produktpalette durch die neue Geschäftsführung gestrafft. Im Zuge dessen stellte man der Como für sportlichere Fahrerinnen und Fahrer das Modell Riva Sport zur Seite, das auf dem Fahrgestell der Como basierte, aber mit wenig Aufwand (Büffeltank, Rennsitzbank mit kleinem Höcker, niedrigerer Lenker und Sport-Verkleidung, dynamischer Zweifarben-Lackierung, ovales Rücklicht) deutlich rasanter daherkam. Anfangs auch mit 2-Gang-Motor angekündigt, wurden jedoch später fast alle Rex Riva mit 3-Gang-Motor ausgeliefert. 1959 wurde die Riva Sport angekündigt, der Vertrieb startete aber erst 1960.

Unten: Original-Werksbild der neuen Rex Como mit Model, aufgenommen am Fuß der Zugspitze in Garmisch-Partenkirchen.

Ende 1960 wurde die Riva Sport komplett überarbeitet und hieß von nun an „Riva". Sie erhielt den neuen FM 519 K-Motor (Kickstarter, 3-Gang-Handschaltung, gebläsegekühlt), die Rennverkleidung entfiel und die Sitzbank änderte sich. Diese Riva hatte auch keine 23-Zoll-Räder mehr, sondern rollte auf 21 Zoll.

1961 erschien dann die letzte Version der Como, nun auch mit FM 519 K-Motor und 21-Zoll-Rädern. Das alte Modell mit 23 Zoll und Pedalen blieb aber weiterhin im Programm. Von der letzten Como-Version wurden jedoch nur wenige verkauft.

Das neue Moped **REX-*Como*** aus der Münchener Produktion der
REX-MOTOREN-WERKE
E. & K. Bagusat

sportlich
elegant
robust

zweisitzig, führerscheinfrei, zulassungsfrei, steuerfrei
mit gebläsegekühltem Zweigang-Motor zum Preise von **DM 795.—**
Dreigang-Motor Mehrpreis DM 20.—

Das neue Sport-Moped **REX-*Riva*** aus der Münchener Produktion der
REX-MOTOREN-WERK GMBH

Sportlich
Elegant
Robust

zweisitzig, führerscheinfrei, zulassungsfrei, steuerfrei
mit gebläsegekühltem Dreigang-Motor

Riva und vor allem Como waren die letzten wirklich erfolgreichen Mopeds von Rex, wobei einiges dafürspricht, dass die Produktion beider Modelle Anfang der 1960er Jahre vom Montagebetrieb Possenhofen in die Rex-Fabrik in München verlegt wurde. In Possenhofen versuchte man nämlich zum einen, das abklingende Geschäft mit Mopeds durch einen Großauftrag der Bundeswehr über den Bau Tausender Gestelle für Etagen- und Feldbetten zu kompensieren, und zum anderen stellte man dort bereits in Alkohol eingelegte Früchte als Füllung für Süßwaren her.

Rechte Seite: Aufwendig restaurierte Rex Riva Sport aus der Sammlung von Christian Schächer.

Diese Seite: Eine Seite aus dem Werbeprospekt für die Rex Como und ein Werksfoto für dieses Modell.

Ein hochwertig restauriertes Exemplar einer späten Rex Como Luxus in seltener Farbkombination und mit reichlich Chromschmuck aus der Sammlung von Anton Bauer.

Das neue Sport-Kleinkraftrad **REX-*Riva*** aus der Münchener Produktion der
REX-MOTOREN-WERK GMBH

Sportlich
Elegant
Robust

zweisitzig, zulassungsfrei, steuerfrei, Fahrerlaubnis 5
mit gebläsegekühltem Dreigang-Kickstarter-Motor

Rex Kleinkrafträder Silber-Pfeil/Silber-Rex KL 30, Silber-Rex KL 35, KL 35 US

Trotz schwindender Absatzzahlen, oder vielleicht gerade deshalb, starteten die neuen Verantwortlichen bei Rex noch ein letztes Mal so etwas wie eine Modelloffensive. Da mittlerweile auch durchaus stärkere Moped-Varianten als Mokick oder Kleinkraftrad gefragt waren, entwickelte man aus dem vorhandenen FM 519 K-Motor die leistungsstärkere Version FM 530.-

Durch höhere Verdichtung und einen 14er-Vergaser sowie durch einen anderen Zylinderkopf und eine verstärkte Kurbelwelle erzielte man 3,4 PS, die das neue, ab Mitte 1960 produzierte Modell „Silber-Pfeil", das ansonsten auf dem Modell „Riva" basierte, rund 60 km/h erreichen ließen. Es gab keine Fahrradpedale mehr und natürlich war jetzt ein entsprechender Führerschein nötig, um die schnelle Rex bewegen zu dürfen. Aber es wurde noch sportlicher …

Zunächst musste man sich aber bei Rex mit der Rechtsabteilung von Daimler-Benz auseinandersetzen, denn der Produktname „Silber-Pfeil" oder „Silberpfeil" war geschützt. Rex lenkte ein und bezeichnete das neue Kleinkraftrad fortan als „Silber-Rex" oder schlicht „KL 30".

Wenig später, Ende 1961, fügte man diesem Modell noch eine leistungsfähigere Variante unter der Bezeichnung „KL 35" mit 2-Vergaser-Motor (Typ FM 530 C) bei, die mit 4,4 PS bei 8000 U/min auf rund 75 km/h beschleunigen konnte – die schnellste Rex aller Zeiten!

Und schließlich gab es dieses Kleinkraftrad auch noch in einer besonders sportlichen „Scrambler"-Version mit hohem Lenker und hochgezogener Doppelauspuffanlage. Alle diese Varianten basierten auf dem Como/Riva-Fahrgestell, was natürlich Entwicklungskosten sparte, aber der Optik nicht unbedingt zuträglich war. Zudem wurde das 3-Gang-Getriebe immer noch mittels Drehgriff betätigt – was Anfang der 1960er Jahre nicht mehr auf der Höhe der Zeit war. Die Nachfrage nach diesen Rex-Kleinkrafträdern hielt sich somit in Grenzen und auch die erhofften Absatzzahlen vor allem der ab Ende 1962 gebauten „Scrambler"-Version in den USA konnten nicht realisiert werden, obwohl man speziell für diesen Markt noch eine 55 ccm-Variante des Motors mit der Bezeichnung „FM 555" und 3-Gang-Fußschaltung entwickelt hatte. Die Rex-Motoren-Werk GmbH stand kurz vor der Aufgabe.

Ein seltenes Rex Kleinkraftrad Typ KL 30, liebevoll restauriert von Rex-Sammler Anton Bauer. Ungewöhnlich der nach vorn gerichtete Kickstarter, erstmalig eingesetzt in diesem Rex-Modell.

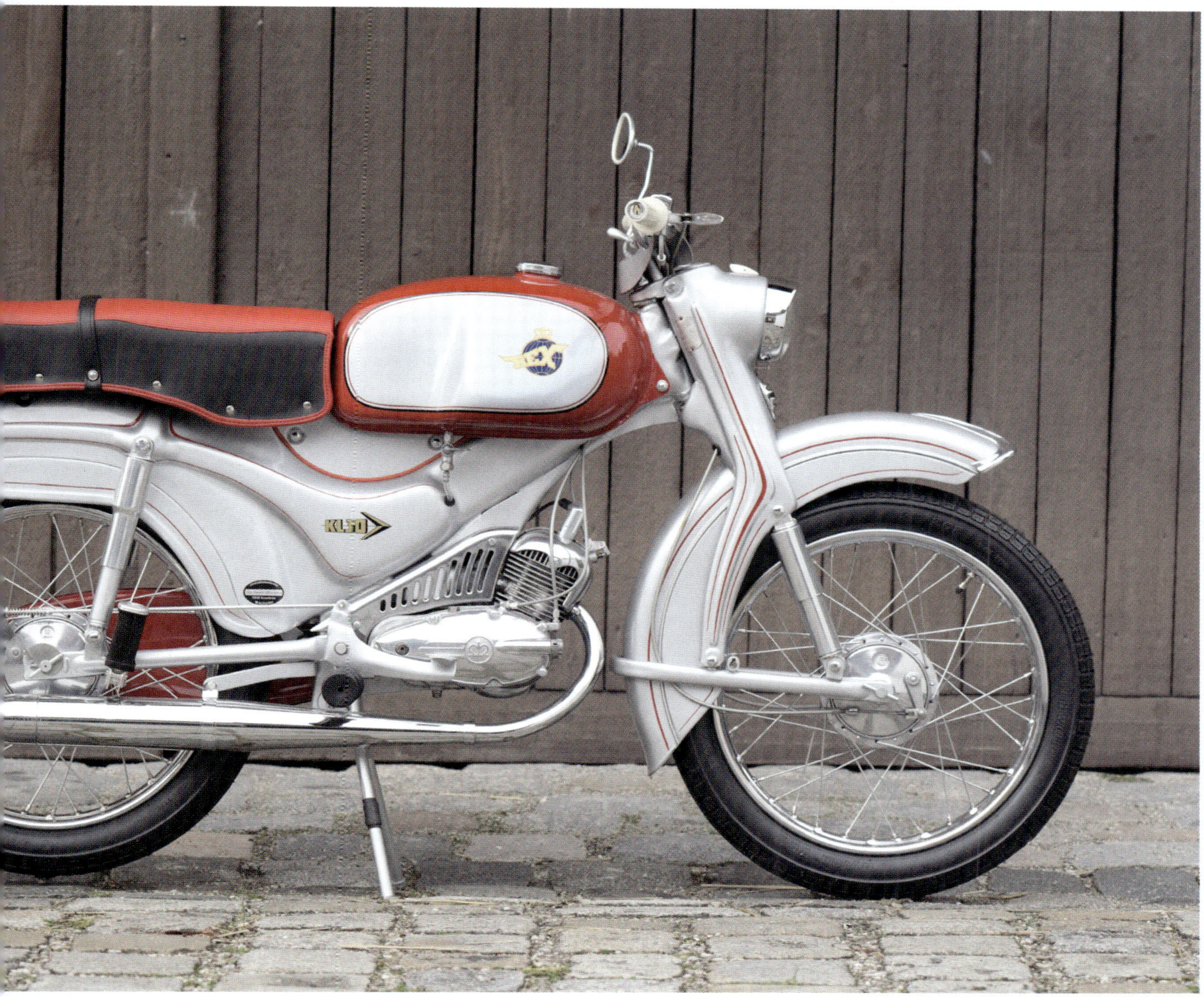
KL30

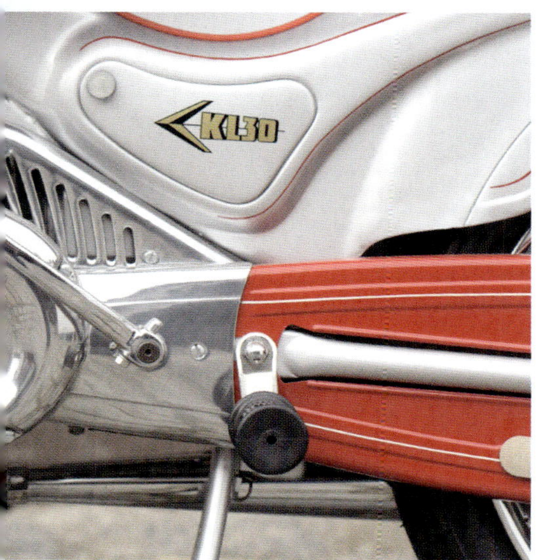

KL30

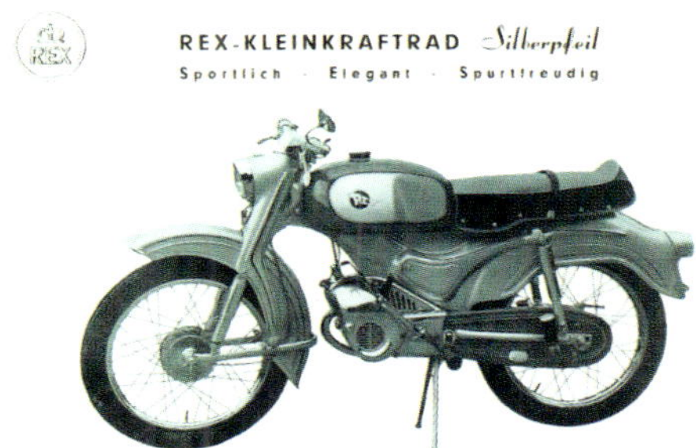

REX
REX-KLEINKRAFTRAD Silberpfeil
Sportlich · Elegant · Spurtfreudig
mit gebläsegekühltem Dreigang-Kickstarter Motor der
REX-MOTOREN-WERK GMBH MÜNCHEN

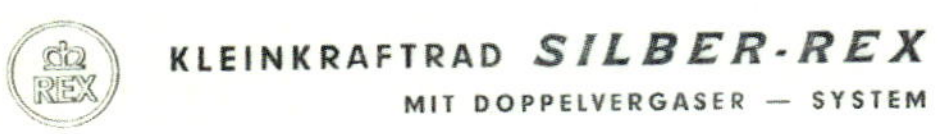

REX
KLEINKRAFTRAD SILBER-REX
MIT DOPPELVERGASER — SYSTEM
Geschwindigkeit ca. 75 km/h
Motorleistung 4,4 PS
mit gebläsegekühltem Dreigang-Kickstarter-Motor der
REX-MOTOREN-WERK GMBH MÜNCHEN

REX
KLEINKRAFTRAD SILBER-REX
MIT DOPPELVERGASER
UND HOCHGEZOGENEM DOPPELAUSPUFF-SYSTEM
Geschwindigkeit ca. 75 km/h
Motorleistung 4,4 PS
mit gebläsegekühltem Dreigang-Kickstarter-Motor der
REX-MOTOREN-WERK GMBH MÜNCHEN

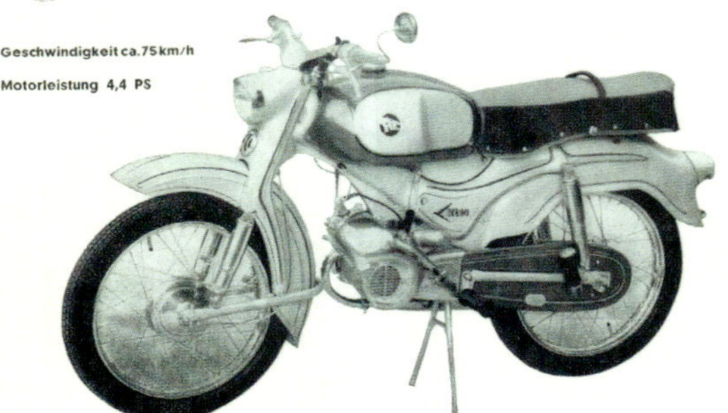

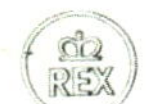

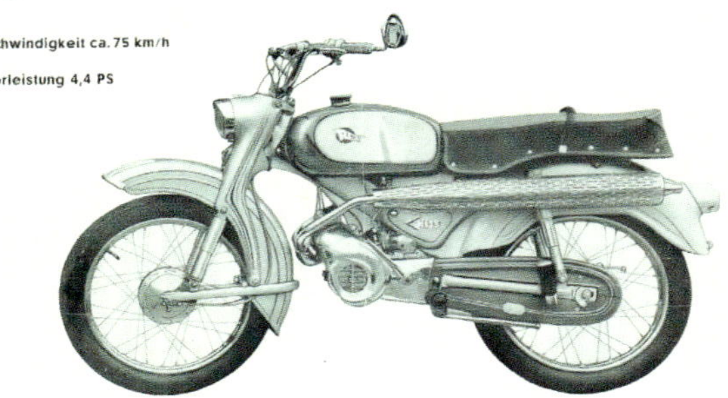

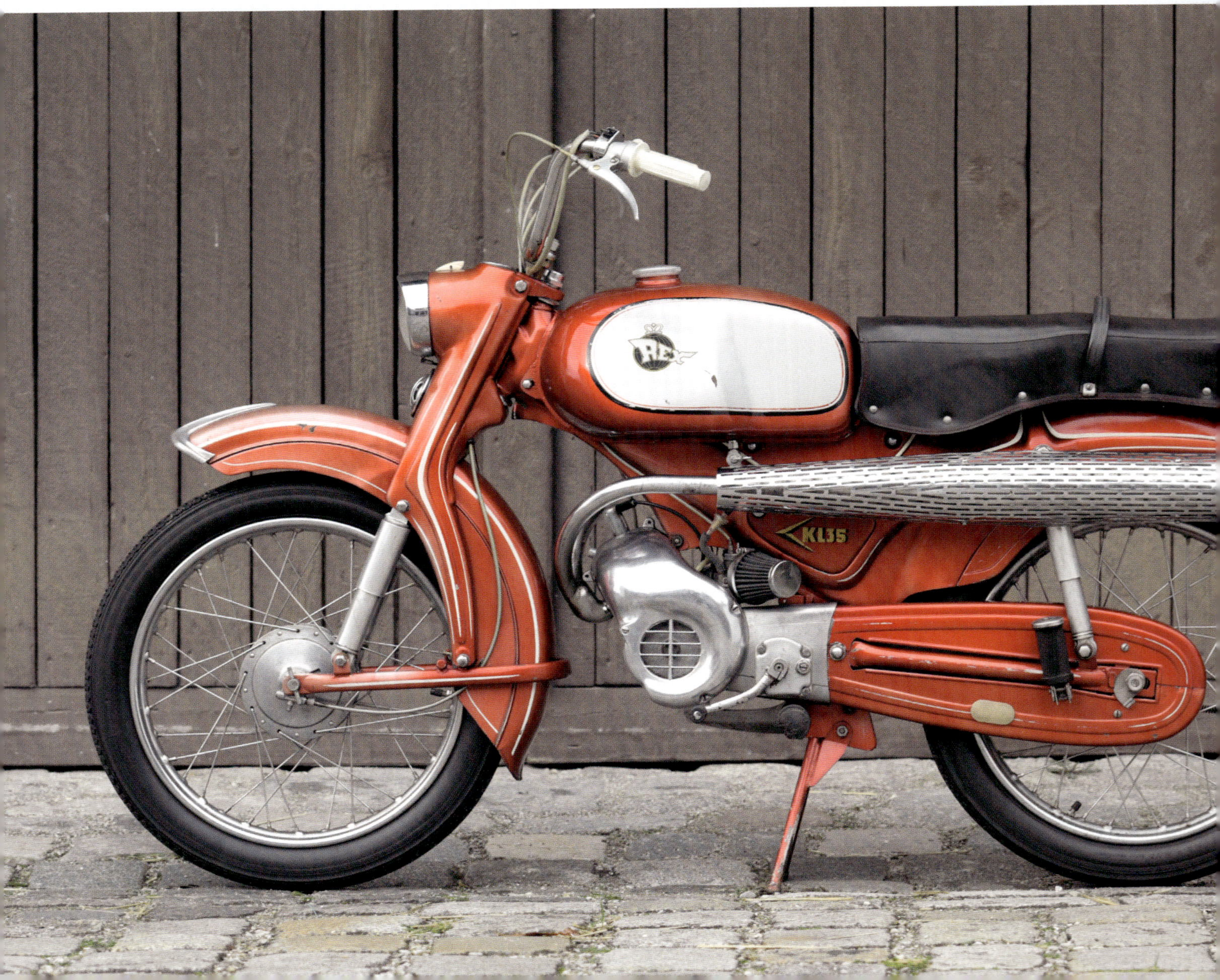
REX
KL35

Äußerst selten ist dieses Rex Kleinkraftrad Typ KL 35, das vor allem für den US-Markt entwickelt und in geringer Stückzahl produziert wurde. Heute würde man diese Ausführung als „Scrambler" bezeichnen. Den hochgezogenen Auspuff gab es nur für die USA. Es ist das einzige Rex-Modell mit zwei Vergasern und Fußschaltung, ist in wunderbarem Originalzustand erhalten und gehört Rex-Sammler Anton Bauer.

Rex Piccolo

Da nützte auch der letzte Versuch 1961, neue Kaufinteressenten mit einem neuen Billig-Moped zu ködern, nichts mehr. Für dieses „Piccolo" genannte Einfach-Modell mit dem alten Rohrrahmen hatte man sogar noch einen neuen Motor FM 511 mit automatischer Fliehkraftkupplung entwickelt, doch das wenig attraktive Zweirad, das das Thema „Mofa" vorwegnahm, konnte sich am Markt nicht mehr etablieren. Auch eine spätere Piccolo-Variante für den Schweizer Markt mit 2-Gang-Motor und Gebläsekühlung (FM 520 CH) wurde kein Erfolg. Nach geschätzt weniger als 1.000 Exemplaren musste Rex Ende 1963 die Produktion einstellen. Die Produktionseinrichtungen wurden verkauft, Lagerbestände an Fahrzeugen wurden an Gläubiger verteilt und daneben verließen nur noch Behälter mit in Alkohol eingelegten Kirschen das Werk in Possenhofen, bevor auch dieser Geschäftszweig nach Berlin verlegt wurde. Der Traum von der Massenherstellung von kleinen Krafträdern war endgültig geplatzt.

Endpunkt der Rex-Moped-Entwicklungen und preiswertes Modell in der Art eines Mofas ist diese Rex Piccolo aus den frühen 1960er Jahren mit dem leicht modifizierten Basis-Motor FM 50 und automatischer Fliehkraftkupplung.

Rechte Seite rechts unten: Ein Werksfoto der Piccolo-Variante für den Schweizer Markt mit 2-Gang-Motor.

Piccolo

Anhang

Die Radfix- und Rex-Motoren 1947 – 1963

Bezeichnung	Daten und Merkmale
FM 30	Fahrrad-Hilfsmotor, 31 ccm, Bohrung x Hub 35 x 32 mm, 0,6 PS, Hersteller: S-MOTOREN G.M.B.H., Sandgussgehäuse, Zylinder und Zylinderkopf in einem Stück gegossen, Zahnräder geradverzahnt, Bing-Vergaser, Anbauteile mattschwarz. Gebaut von Anfang 1947 (Vorserie) – Ende 1947 (Beginn Serienproduktion), ca. 500 Stück.
FM 31	• Variante 1: Radfix Fahrrad-Hilfsmotor, 31 ccm, Bohrung x Hub 35 x 32 mm, 0,6 PS, Hersteller: REX-MOTORENWERK MÜNCHEN G.m.b.H., Sandgussgehäuse, Zylinder und Zylinderkopf getrennt gegossen, Bing-Vergaser, Anbauteile mattschwarz. Gebaut von Ende 1947 – Mitte 1948, ca. 1.000 Stück. • Variante 2: Hersteller ab Mitte 1948: REX-MOTOREN-WERK E. & K. Bagusat, Bezeichnung jetzt: Rex FM 31. Ab ca. Ende 1949 Druckgussgehäuse, Zahnräder schrägverzahnt, Bing-Vergaser, technisch weiterentwickelt, von nun an mit Typenschild (ab Nr. 1500), Anbauteile mattschwarz. Gebaut bis Juli 1950, ca. 7.000 Stück.
FM 34	Fahrrad-Hilfsmotor, 34 ccm, Bohrung x Hub 35 x 35 mm, 0,7 PS, Pallas-Vergaser, ab ca. Nr. 28.000 Anbauteile glanzverzinkt / verchromt. Gebaut von Januar 1950 – Mai 1952, 38.129 Stück.
FM 40	Fahrrad-Hilfsmotor, 40 ccm, Bohrung x Hub 38 x 35 mm, 0,9 PS, zunächst runde Zylinderform wie FM 34, später größer und eckiger, Pallas-Vergaser, teilweise auch als Linksläufer für Motor-Fahrrad „Flaschen-Rex". Gebaut von Mai 1951 – Dezember 1955, 77.399 Stück.
FM 50	Fahrrad-Hilfsmotor, 49 ccm, Bohrung x Hub 40,5 x 38,25 mm, 1,2 PS, teilweise auch als Linksläufer für „Flaschen-Rex". Bezeichnung ab ca. 1959: „Rex Vela", gebaut von Juli 1952 – ca. 1962, ca. 50.000 Stück
FM 50.1 L	Fahrrad-Hilfsmotor, 49 ccm, 1,2 PS, linksläufig, Auslassöffnung seitlich, zum Einbau im Fahrrad-Rahmendreieck über Tretlager und in den ersten Mopeds bis 1954.
FM 504	Völlig neuer 49 ccm-Motor, Bohrung x Hub 40 x 39,5 mm mit 2-Gang-Getriebe ab Oktober 1954. Anfangs Pallas-Vergaser, später und für alle Folgemodelle Bing-Vergaser. Basiskonstruktion für alle Weiterentwicklungen bis 1963. Einbau in alle Standardvarianten bis 1960, luftgekühlt.
FM 509	Technisch überarbeitete und verstärkte FM 504-Weiterentwicklung ab 1956. Erster Rex 3-Gang-Motor.

Bezeichnung	Daten und Merkmale
FM 510	Weiterentwickelter 2-Gang-Motor ab 1957.
FM 519	Weiterentwicklung des FM 509 3-Gang-Motors, jetzt mit Gebläsekühlung.
FM 519 K	Motor FM 519 mit Kickstarter.
FM 511	Völlig neuer 1-Gang-Motor für Moped Piccolo mit Fahrrad-Tretlager.
FM 520 CH	Wie Motor FM 519, aber mit 2-Gang-Getriebe und Gebläsekühlung. Exportvariante für die Schweiz.
FM 530	Leistungsgesteigerte Variante des FM 519 K für das Kleinkraftrad Silber-Rex mit einem 14er-Vergaser, anderem Zylinderkopf und verstärkter Kurbelwelle. Gebaut ab ca. 1962.
FM 530 C	Leistungsgesteigerte Variante des FM 530 mit Doppelvergaser und anderem Zylinder mit geteiltem, größerem Einlass. Weiterhin 3-Gang-Handschaltung. Stückzahl ca. 2.380
FM 531	Wie FM 530 C, aber mit 3-Gang-Fußschaltung und deshalb Kickstarter rechts. Exportversion für USA in geringer Stückzahl.
FM 555	Letzte Variante des FM 530-Motors mit 55 ccm für den US-Markt. Stückzahl ca. 385

Nachspiel

Am 15. August 1964 übernahm die Firma Müller & Hirsch in Aschaffenburg die Ersatzteilversorgung für die große Zahl der Rex-Fahrer. Ein umfangreiches Teilelager und zahlreiche Firmenunterlagen bildeten fortan die Versorgungsbasis. Nach dem Ausscheiden von Erwin Müller, ehemals Außendienstmitarbeiter bei Rex, kümmerte sich Heinz Hirsch dann allein ums Geschäft. Als Hirsch 2019 verstarb, übernahm Sebastian Freund in Laufach bei Aschaffenburg den gesamten Bestand und ist ein kompetenter Ansprechpartner, wenn es um technische Fragen zur Erhaltung und Restaurierung von Rex-Motoren und -Fahrzeugen geht. In der Sammlung der Familie Freund sind mittlerweile annähernd alle Rex-Motoren und -Zweiräder vertreten.

Doch auch im Süden Bayerns ist die Erhaltung der vielen Rex-Modelle durch Sammler bestens gesichert. Josef Rampfl in Forstern östlich von München bietet ebenfalls Rex-Teile auch als Nachfertigung an und Hilfsmotoren-Spezialist Kurt Bernhauser in Isen kümmert sich liebevoll und mit gut ausgerüsteter Werkstatt in privatem Rahmen um die Hilfsmotoren von 30 bis 50 ccm, falls der Zahn der Zeit doch einmal Probleme verursacht.

Ansprechpartner Technik und Ersatzteile für Rex-Motoren und Rex-Mopeds

Sebastian Freund

Kfz-Werkstatt Robert und Sebastian Freund,
Im Gewerbegebiet 30, 63846 Laufach

Telefon: 06093/5869885

eBay-Kleinanzeigen-Shop: Kfz-Dienstleistungen Freund

E-Mail: r.freund1@gmx.de

Ehemaliges Rex-Ersatzteillager München, großes Sortiment an originalen Rex-Ersatzteilen.

Josef Rampfl

Blumenstraße 7, 85659 Forstern

Telefon: 08124/1835

Telefax: 08124/1835

E-Mail: info@mr-rex.com

Internet: www.mr-rex.com

Originale und Nachbau-Teile für alle Rex Fahrrad-Hilfsmotoren, technische Beratung.

Kurt Bernhauser

Hochstraße 72, 84424 Isen

Telefon: 0162/3677156

E-Mail: kurtbernhauser@hotmail.com

Beratung Technik, Reparatur und Teile für Rex Fahrrad-Hilfsmotoren auf privater Basis.

Bildnachweis

Bernd Harald Bagusat (Seiten 31 unten Mitte, 44 oben links, 52 unten, 55)

Kurt Bernhauser (Seiten 68/69 unten)

Der Spiegel (Seiten 31 unten rechts, 53 unten)

Dieter Blaschek (Seiten 64 Mitte links, unten und rechts, 65 oben)

BMW Group Archiv (Seiten 18 unten, 19 rechts)

Siegfried Dengler (Seiten 34 oben, 38 oben rechts, 38 unten links, 42 oben rechts, 68 oben, 77 oben, 83 oben links)

Deutsches Museum München (Seiten 11 unten, 16 rechts, 20, 23, 24, 25, 26/27, 30, 31 oben, 32 rechts, 36 rechts, 38 oben links)

Peter Fenkl (Seite 57)

Sebastian Freund (Seiten 41, 53 oben rechts, 54, 58 rechts, 59, 61 unten, 62, 63, 64 oben links, 65 unten, 73 unten links, 78/79 oben, 79 oben und Mitte, 81 oben links, 83 oben rechts, 85 unten rechts, 90 oben, 91 oben, 92 links, 93 oben und unten rechts, 95, 96/97, 98/99, 101 rechts, 104 unten, 105 oben, 106/107, 108/109, 110, 112 unten, 121 unten rechts)

Dr. Nina Gockerell (Seiten 16 links, 17, 18 oben rechts, 19 links)

Haus der Kunst, München (Seite 31 unten links)

Helmut Hölch (Seiten 44 rechts, 53 oben links, 78 unten)

Gemeinde Pöcking Archiv (Seite 51 rechts)

Nina Sawitzki (Seiten 86/87, 89, 94, 114/115, 116/117, 118/119, 121 oben und unten links)

Michael Schick (Seite 15)

Andreas Seyffer (Seiten 11 oben, 12, 13, 18 oben links, 33, 43 oben. 49 unten)

Sächsisches Staatsarchiv, Staatsarchiv Leipzig F 24268 (Seite 32 links)

Stadtarchiv München DE-1992-NK-STR-0009 (Seite 10)

Rudolf Steinlein (Seite 35 Mitte links)

Wolfgang Wieselsberger (Seiten 46, 47, 48, 86 oben links)

Alle übrigen Abbildungen: Archiv des Autors

Rex-Fahrer damals und heute

Tüm
Fisch
Ede
Ocka
Icke

Dank

Besonderen Dank schulde ich den Nachfahren der Protagonisten dieser Geschichte, die mit ihren Erinnerungen, Informationen und zahlreichen Dokumenten dieses Werk überhaupt erst ermöglicht haben:
Bernd Harald Bagusat, München (Sohn von Kurt Bagusat)
Dr. Nina Gockerell, München (Enkelin von Fritz Gockerell)
Rolf Schleicher, München (Sohn von Rudolf Schleicher)
Andreas Seyffer, München (Enkel von Max Seyffer)
Rudolf Steinlein, Walchstadt-Wörthsee (Sohn von Gustav Steinlein)

Ebenfalls großen Dank möchte ich folgenden Sammlern und Rex-Enthusiasten aussprechen, die zahlreiche Rex-Fahrzeuge der Nachwelt überliefern, diese restaurieren, pflegen und natürlich auch fahren. Stets stieß ich hier auf offene Ohren und große Hilfsbereitschaft, sei es bei Fragen zu Geschichte und Technik oder bei meinen Wünschen nach Fotoarbeiten:
Anton Bauer, Starnberg
Kurt Bernhauser, Isen
Siegfried Dengler, Landsberg am Lech
Sebastian Freund, Laufach
Helmut Hölch, Starnberg
Christian Schächer, Steinhöring
Heinz Tschinkel, Hohenbrunn

Darüber hinaus danke ich folgenden Personen und Institutionen, die wertvolles Material in Wort und Bild zu diesem Projekt beigetragen haben:
Amtsgericht Starnberg Grundbuchamt, Frau Tröndle
Archiv Pöcking, Christine Peuker
Dieter Blaschek, Glonn
BMW Group Archiv, München, Fred Jacobs
Deutsches Museum, München, Wolfgang Schinhan
Peter Fenkl, Pöcking
Haus der Kunst, München, Sabine Brantl
IWIS, Jan Johannsen, München
Wolfgang Meier, München
Sächsisches Staatsarchiv, Chemnitz, Viola Dörffeldt
Michael Schick, Laupheim
Staatsarchiv Leipzig, Hans-Jürgen Voigt, Andreas Nebelung
Stadtarchiv Leipzig
Villiger Söhne GmbH, Pfäffikon, Bianca Höf

Last, not least danke ich besonders Wolfgang Wieselsberger, dem mit Sicherheit größten Enthusiasten unter den zahlreichen Rex-Freunden. Mittlerweile über 80 Jahre alt, hat er mir immer wieder sein Archiv geöffnet, meine zahlreichen Fragen beantwortet und viele Erlebnisse und Anekdoten im Zusammenhang mit der Rex-Geschichte und seiner Sammlung erzählt. Ihm widme ich dieses Buch und wünsche ihm noch viele Jahre im „Rex-Universum".